力学实验指导书

张大志　郁世刚　王　翀　王心弘　主编

东北大学出版社
·沈　阳·

© 张大志 等 2012

图书在版编目（CIP）数据

力学实验指导书 / 张大志等主编. —沈阳：东北大学出版社，2011.11（2016.8 重印）
ISBN 978-7-5517-0054-2

Ⅰ. ①力… Ⅱ. ①张… Ⅲ. 力学-实验-高等学校-教学参考资料 Ⅳ. ①O3-33

中国版本图书馆 CIP 数据核字（2011）第 229059 号

出 版 者：东北大学出版社
　　地址：沈阳市和平区文化路 3 号巷 11 号
　　邮编：110004
　　电话：024-83687331（市场部） 83680267（社务室）
　　传真：024-83680180（市场部） 83680265（社务室）
　　E-mail：neuph@neupress.com
　　http://www.neupress.com
印 刷 者：抚顺光辉彩色广告印刷有限公司
发 行 者：东北大学出版社
幅面尺寸：185mm×260mm
印　　张：8.25
字　　数：211 千字
出版时间：2011 年 11 月第 1 版
印刷时间：2016 年 8 月第 4 次印刷
责任编辑：任彦斌　刘　莹　　　　责任校对：辛　思
封面设计：刘江肠　　　　　　　　责任出版：唐敏智

ISBN 978-7-5517-0054-2　　　　定　价：14.00 元

序

理论力学、材料力学、工程力学是机械工程类与部分非机械工程类学生的必修课程。上述课程的论述对学生力学素质的培养与提升均起到重要作用。对上述课程的力学实验的设计、操作与总结有助于对相关力学的基本概念、基本理论、基本知识的理解、消化及应用，同时也有助于培养学生的动手能力、分析问题与解决问题的能力，为学生树立创新意识提供相关条件。

理论力学、材料力学、工程力学虽然有部分概念相互渗透，但所研究的问题各不相同，力学模型与力学方法各有所异，实验课分设理所当然。这里之所以将几门课程的实验部分放在一起，形成新的实验课程构架，是因为实验课程与工程问题更接近，学生未来所面对的工程问题的综合性，要求学生必须具有较强的综合实践能力才能胜任。如工程问题中力学模型的建立与简化，外力与内力分析计算，运动状态的模拟与动力分析，结构的强度、刚度与稳定性分析和计算等。力学实验是解决上述问题的基础与依据，也就是说，力学实验的授课必须面对未来工程实践中综合力学问题。这就是本校将上述课程的实验部分综合起来的基本出发点。

为完成上述改革，多年来，我校的力学老师致力于对力学实验的自主开发和设计，先后开发了“复合梁实验”“复合材料力学性能分析”“开口界面梁的弯曲中心测定”等实验项目；同时，我校在实验教学特别是实验教师的任务分配上，也作了有针对性的调整，确保学生从“力学实验”开始逐步体验“工程问题”的综合性及力学知识综合应用的重要性，扩大视野，着眼未来。同时，也使同学们认识到在学校使用的力学实验教材将会成为从实践入手解决工程问题的必要参考资料。

东北大学　王铁光教授

2011 年 10 月

前 言

力学实验是力学课程必不可少的重要组成部分，学生通过实验证明和推导理论知识，又用理论知识解释、分析实验结果，以达到巩固理论知识和学会实验方法的目的。本书的编写旨在让学生掌握力学实验的基本知识、技能和方法，培养学生的动手能力和分析、解决问题的能力，增强学生开拓创新的意识。

本书根据东北大学“理论力学”和“材料力学”实验教学大纲内容，在运用现有的仪器设备的基础上，结合原有的《振动实验指导书》、《工程力学、材料力学实验指导书》等自编教材修改编写而成。内容包括振动实验6项，材料力学及工程力学实验17项，完成全部实验大约需要26学时。其中，力学类专业学生要完成振动实验6~8学时，材料力学实验16学时；机械、土木等专业完成振动实验4学时，材料力学实验16学时；工程力学课程所涉及的其他专业完成实验6~10学时。

在这23个实验项目中，大部分是完全自主开发或部分自主开发的实验项目。这些实验项目凝聚了五十多年来历任力学教师的心血和教学成果。正是一代一代力学教师的严谨的教学作风、丰富的教学经验才积累了这些教学财富，这里向他们表示深深的敬意。

本书由东北大学理学院力学实验中心组织编写。在编写本书的过程中，得到了东北大学应用力学研究所、力学实验中心的领导和老师们的大力支持，特别是王铁光教授提出了大量的宝贵意见和编写方案，在这里一并向他们表示感谢！

由于编者的水平有限，难免有不足之处，恳请各位老师、同行及同学们批评指正。

编 者

2011年10月

学生实验细则

1. 学生必须按照网上选课（或课表）指定时间到实验室上课，并由指导教师负责考勤。迟到5分钟以上者，不许参加本次实验。

2. 学生应对实验内容做充分预习，完成预习报告，并在上课前交给指导教师。无预习报告者不准参加此次实验。

3. 学生要认真完成实验内容，遵守实验室的规章制度和仪器设备的操作规程，不许做与本次实验无关的事情。

4. 在实验过程中，不听从指导教师安排，不按照仪器操作规程操作而造成仪器设备损坏者，将按照学校有关仪器设备管理规定处理。

5. 实验过程中，每人要记录一份原始数据，由实验指导教师签字后方可生效，并作为原始数据记录纸附在实验报告中。无原始记录或原始记录无指导教师签字，实验报告无效。

6. 学生必须认真完成实验报告，若发现抄袭者，双方实验成绩均以0分计。每次实验课前要完成上次的实验报告。

7. 要注意保持实验室卫生，不许乱涂乱画、随地吐痰、乱扔杂物等。实验结束整理好现场后，方可离开实验室。

目　　录

第一章　理论力学振动实验

§1－1　简谐振动的基本参数测量及振动传感器的标定

一、实验目的

1. 掌握简谐振动基本参数(频率、振幅、速度、加速度等)的测试方法;
2. 学习常用测振传感器及其配套仪器的一般操作;
3. 了解加速度传感器的标定方法。

二、实验装置

1. 实验装置图

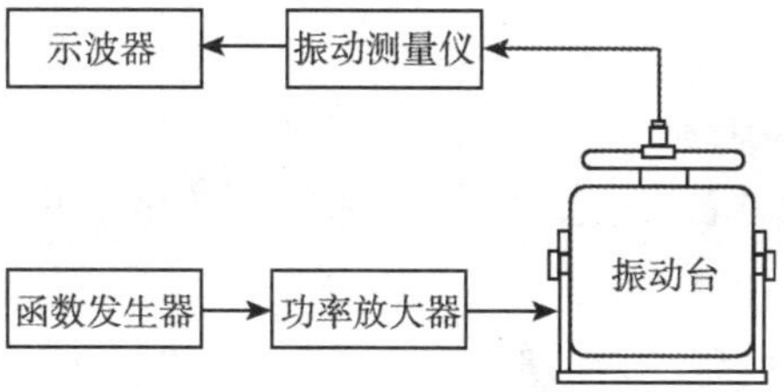

图1－1－1　实验装置图

2. 主要实验设备

信号发生器、功率放大器、激振器、压电式加速度传感器、测振仪、传感器校准仪。

三、实验原理

1. 传感器标定

YE5502A 传感器校准仪(如图1－1－2所示)由激振器、功率放大器、电荷放大器、A/D转换器、标准加速度传感器和数字显示器等组成，采用内置标准加速度传感器和外测传感器背对背安装，通过比较法进行测试。内部信号源产生160Hz的标准正弦信号，功率放大器推动激振器使被测传感器处于一定的振动量；而被测传感器的输出量再经由仪器内置的放大器、检波器等在表头显示出来。电荷输出型(Q)加速度传感器在10.0m·s^{-2}的激励下传感器的输出量就是加速度传感器在1.0g激励下的PC值。

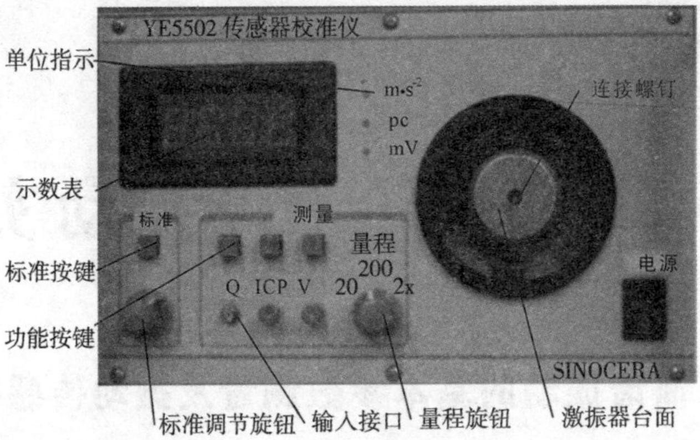

图 1-1-2 传感器校准仪

2. 位移、速度、加速度的测量

在用压电式加速度传感器分别测出位移 $x(t)$、速度 $v(t)$、加速度 $a(t)$ 的值 X，V，A 的基础上，分别对这些数据乘、除 $2\pi f$ 或 $(2\pi f)^2$，求得相应幅值的计算值，并与实际测量值进行误差分析。

四、实验步骤

第一部分 传感器的标定

1. 将未知灵敏度的传感器用 M5 螺钉牢固地安装在传感器校准仪面板的激振器台面上，并用 L 5 电缆线将传感器输出口连接到“测试”框内的 Q 接口。

2. 打开传感器校准仪电源开关，按下“标准”按键，并调节“标准调节旋钮”，使 LTD 显示为“10m · s^{-2}”。

3. 按下“测量”框内 Q 上方按键，表头显示的数值为传感器在 m · s^{-2} 的激振下的电荷灵敏度。

4. 重复第 2，3 步骤，测三次传感器灵敏度，取平均值。

第二部分 基本参数测量

1. 检查所有仪器设备连接线、电源线是否连接正确，电源开关是否处于“关”的位置。经指导教师检查后，方可打开仪器电源开关预热。

2. 按下函数信号发生器的功能开关(FUNCTION)中的“正弦波形”键，同时按下频率选择档位开关中的“100”按钮，并调节频率调解旋钮，使函数信号发生器产生 50Hz 的正弦信号，调节相应的 OUT PUT(输出)旋钮，使其有一定的输出电压。

3. 将功率放大器(YE5872)电流输出旋钮置于 9A 左右，调节增益旋钮，此时激振器应能正常工作。

注意：调节功率放大器的输出电流不宜过大；否则，容易烧毁仪器。

4. 把振动测量仪的“传感器灵敏度”调至上述测量值，“上限频率”键置于“100”，功能键分别置于“加速度”、“速度”、“位移”档，调节振动计的“增益”量程到适当的位置，使其显示表指针指到一个合适的位置，分别读出振动的加速度、速度和位移。

5. 读数结束后，将所有仪器输出旋钮置于 0；关闭所有仪器开关，结束实验。

五、实验要求

1. 计算传感器的灵敏度。

2. 根据测得的位移、速度、加速度的值，分别乘、除 $2\pi f$ 或 $(2\pi f)^2$，求得相应幅值的计算值。

六、思考题

1. 传感器的标定有什么实际意义？

2. 请写出两种传感器标定方法。

3. 振动的基本参数之间存在什么样的相互关系？

七、原始数据

1. 传感器标定

测量次数	一	二	三	平均
灵敏度 $/(\mathrm{pc/m \cdot s^{-2}})$				

2. 振动基本参数测量值：

振动频率 $f=$

振幅 $X=$

速度 $V=$

加速度 $a=$

八、实验报告要求

1. 实验目的

2. 主要实验设备

3. 实验步骤

4. 实验分析

(1) 传感器标定

(2) 振动基本参数测量

振动频率 f/Hz		
$X(t)$振动幅值 $/\mu m$	实测 x	
	$V/2\pi f$	
	$a/(2\pi f)^2$	
$V(t)$振动速度 $/(m/s)$	实测 V	
	$X \cdot 2\pi f$	
	$a/2\pi f$	
$a(t)$振动加速度 $/(m/s^2)$	实测 a	
	$X \cdot (2\pi f)^2$	
	$V \cdot 2\pi f$	

5. 思考题

§1－2　单自由度系统固有频率及阻尼系数的测定

一、实验目的

1. 掌握单自由度系统固有频率和阻尼系数的测试方法及相关测振设备的正确使用；
2. 学习计算机对振动信号的采集、检测、分析技术；
3. 掌握用李萨育图形法测量振动频率。

二、实验装置

1. 实验装置图

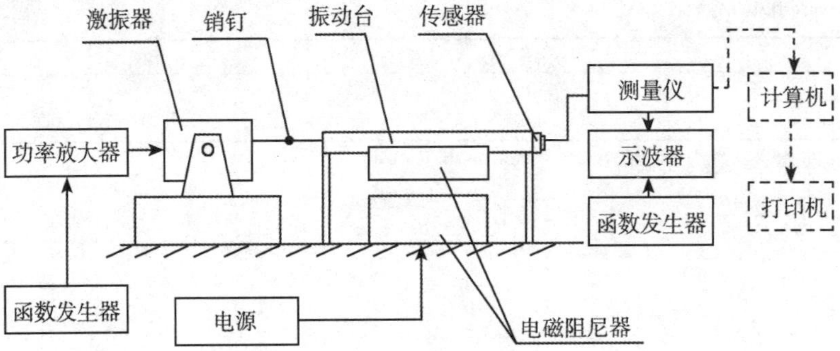

图1－2－1　实验装置图

2. 主要实验设备

（1）激振部分：函数信号发生器、功率放大器、激振器；

（2）测试对象：水平振动台、电磁阻尼器；

（3）测振部分：加速度传感器、振动测量仪、示波器、计算机。

各设备的工作原理见§1－2附录，计算机数据采集见“振动实验”计算机教学软件。

三、实验原理

1. 衰减振动的测量

衰减振动的测量是根据小阻尼自由振动理论开设的实验。由小阻尼自由振动理论可知：一个具有线性小阻尼振动的系统的振体的位移按照下面的规律变化，即

$$x = Ae^{-nt}\sin(\sqrt{\omega^2 - n^2}\,t + \theta)$$

振幅值在 $\pm Ae^{-nt}$ 两条曲线之间变化，如图1－2－2所示。

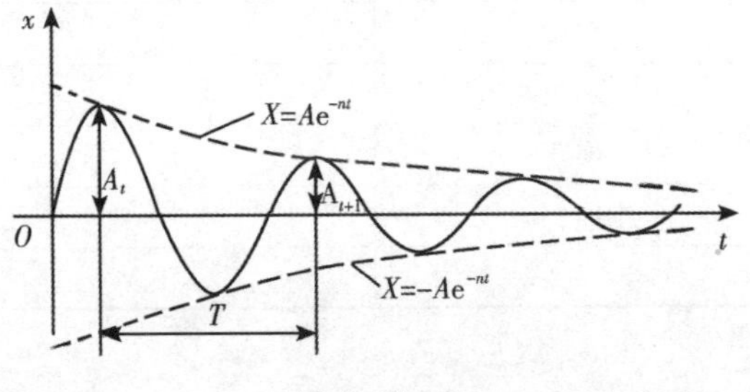

图1－2－2

其减幅系数和对数减幅系数分别为

$$d=\frac{A_t}{A_{t+1}},\ \delta=\ln d$$

阻尼系数为

$$n=\frac{\delta}{T}=\frac{\ln d}{T}=\frac{\ln\dfrac{A_t}{A_{t+1}}}{T}$$

为了实现线性阻尼条件，本实验采用带有电磁阻尼器的水平振动实验台，如图 1-2-1 所示。其力学模型如图 1-2-3 所示。该系统的线性阻尼就是靠阻尼器电磁力(也包括系统本身的阻尼)来实现的。如果给系统一个初始位移，使系统振动，即可通过传感器、振动测量仪、计算机把该系统的衰减振动曲线记录下来。再根据测得的衰减振动曲线的振幅和周期，用上面的公式可算出阻尼系数。

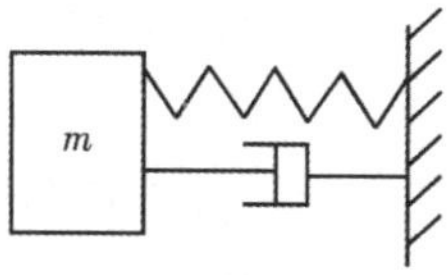

图 1-2-3　振动系统模型

2. 固有频率的测量

根据信号发生器和振动测量仪的数据，利用描点法绘制出幅频特性曲线(如图 1-2-4 所示)，使振幅最大的激振频率即为系统的固有频率(ω_n)。

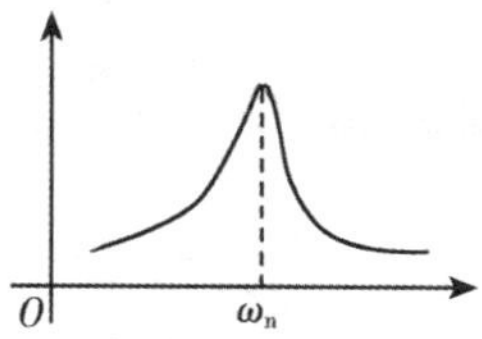

图 1-2-4　幅频特性曲线

3. 用李萨育图形法测量非共振状态下的强迫振动频率

其原理可由数学方法表示。在示波器的 x 轴及 y 轴同时输入两个信号：

$$y=Y_m\sin(\omega_y t)$$

$$x=X_m\sin(\omega_x t+\phi)$$

式中，y——被测系统振幅信号；

x——测量系统的信号发生器产生的信号。

这两个信号在示波器屏幕上形成的图像，实际上是由这两个参数方程所形成的运动轨迹。当 $\omega_x=\omega_y$ 时，消去参量 t，即可得到椭圆方程

$$\frac{x^2}{X_m^2}+\frac{y^2}{Y_m^2}-\frac{2xy}{X_m Y_m}\cos\phi=\sin^2\phi$$

该式是一斜椭圆。当 $\phi=\pi/2$ 时，该式变成一个正椭圆方程

$$\frac{x^2}{X_m^2}+\frac{y^2}{Y_m^2}=1$$

总之，当调节测量系统中的信号发生器的频率使示波器上显示出一椭圆时，该信号发生器的输出信号频率就是振动台的振动频率。

四、实验步骤

第一部分　阻尼系数的测量

1. 检查所有仪器设备连接线、电源线是否连接正确，电源开关是否处于“关”的位

置。经指导教师检查后，方可进行实验。

2. 卸下激振器顶杆与振动台面连接销钉；调节 SD1469 振动测量仪，使传感器的灵敏度与加速度传感器相适应，工作选择开关置于位移档。

3. 启动计算机，按照本实验计算机教学软件的步骤和要求完成衰减振动的测量。

4. 关闭计算机。

第二部分　固有频率的测量

1. 安上激振器顶杆与振动台面连接销钉。

2. 函数信号发生器选择“正弦波形”，频率档位开关选择“10”，并调节频率调解旋钮，使函数信号发生器产生 5Hz 的正弦信号。

3. 调节功率放大器输出旋钮，使输出电流表指示在 0.1～0.3A，此时激振器应能正常工作。

4. 调节 SD1469 振动测量仪量程旋钮，使表针能够在表盘上指示数据为宜，此数据即为振动台体的振动幅值(读数方法见 §1－2 附录)。

5. 按照表 1－2－1 的格式，调节函数信号发生器的输出频率(激振频率)，把相应的振幅值记录下来。

表 1－2－1

频率/Hz												
振幅/mm												

第三部分　振动频率的验证

1. 任意设置一激振频率(f)(不能设置为共振频率)；同时按下示波器的“EXT，INT”和“NORM，X-Y”键，使示波器上显示李萨育图形。

2. 调节 EM1643 函数发生器的频率调节旋钮，使示波器显示的李萨育图形为一稳定的椭圆，记录下此时该函数发生器的频率($f_{测}$)。

3. SD1469 振动测量仪量程旋钮置于 0，并关闭所有仪器开关，结束实验。

五、实验要求

1. 根据打印纸上的衰减振动曲线，按照要求计算出两种状态下的阻尼系数；

2. 根据记录数据绘制幅频特性曲线，指出固有频率；

3. 计算频率测量误差

$$\Delta = \left| \frac{f - f_{测}}{f} \right| \times 100\%$$

六、思考题

1. 李萨育图形是怎样产生的？

2. 李萨育图形是椭圆表明什么含义？

3. 本实验是如何确定固有频率的？

4. 阻尼是如何产生的？

5. 阻尼的效果体现在哪里？
6. 什么是衰减振动？
7. 怎样测定阻尼系数？

七、实验数据

1. 固有频率的测量

频率/Hz											
振幅/mm											

2. 频率测量

$f=$　　　　　　　　　　　　$f_{测}=$

3. 衰减振动曲线

（另见计算机输出结果）

八、实验报告

1. 实验目的
2. 主要实验设备
3. 实验步骤
4. 实验数据分析

（1）阻尼系数的计算

①$A_i=$　　　　$A_{i+1}=$　　　　$T=$

$\delta=$　　　　$n=$

②$A_i=$　　　　$A_{i+1}=$　　　　$T=$

$\delta=$　　　　$n=$

（2）幅频特性曲线

固有频率 $\omega_n=$

（3）频率测量

$f=$　　　　$f_{测}=$　　　　误差 $\Delta=$

5. 思考题

附录 主要实验设备工作原理

1. 激振器

它是一种电动变换器，即将电能转变为机械能，对试件提供激振力的一种装置。其基本结构如图 1-2-5 所示，它是由永久磁铁、弹簧片及与顶杆固连在一起的动圈组成的。当在动圈内通入交变电流时，动圈在磁场内即会受到相应的交变力作用，使其驱动顶杆作往复运动，推动振动台振动。

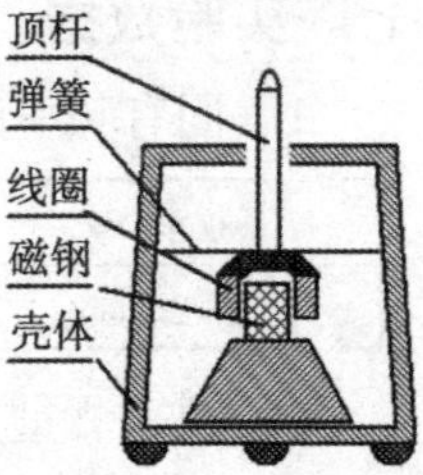

图 1-2-5 激振器

2. 水平振动台

水平振动台是自行设计的由水平振动台面和上端与其连接、下端固定的四个弹簧片组成的单自由度振动系统，是本实验的测试对象。

3. 电磁阻尼器

电磁阻尼器是一种电磁转换装置，它由直流电源及电磁器组成。在本实验中，此装置安装在如图 1-2-6 所示的实验系统中。当改变直流电源的输出电流，使电磁铁中的磁力发生变化，引起整个实验台系统的阻尼发生变化，从而改变实验台中弹簧质量系统的阻尼系数。

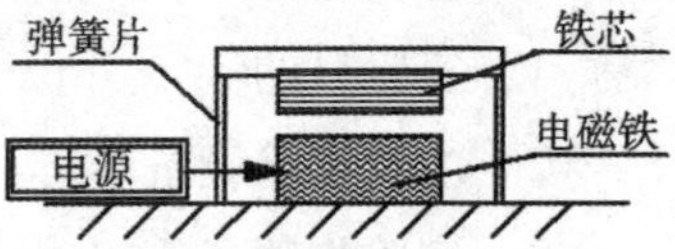

图 1-2-6 电磁阻尼器

4. SD1469 振动测量仪

SD1469 振动测量仪将压电加速度传感器输送来的电信号直接转换成振动的位移、速度和加速度数值来读取。

使用方法：

（1）传感器灵敏度的设置应与所连接传感器的灵敏度一致；

（2）根据具体测试要求，设置位移、速度、加速度功能旋钮；本实验选择位移档位，单位为 mm；

（3）直接读取表头示数，不需要换算；

（4）低通滤波应根据被测信号而定。本实验选择 30Hz。

§1－3　简支梁振动特性的研究

一、实验目的

1. 了解简支梁的振动特性，以及振动的力、位移、速度、加速度之间的幅值和相位的关系；

2. 掌握系统的固有频率的测试方法和系统共振的特点；

3. 了解常用传感器和配套设备的使用方法，掌握信号采集、分析、处理的方法。

二、实验装置

1. 实验装置图

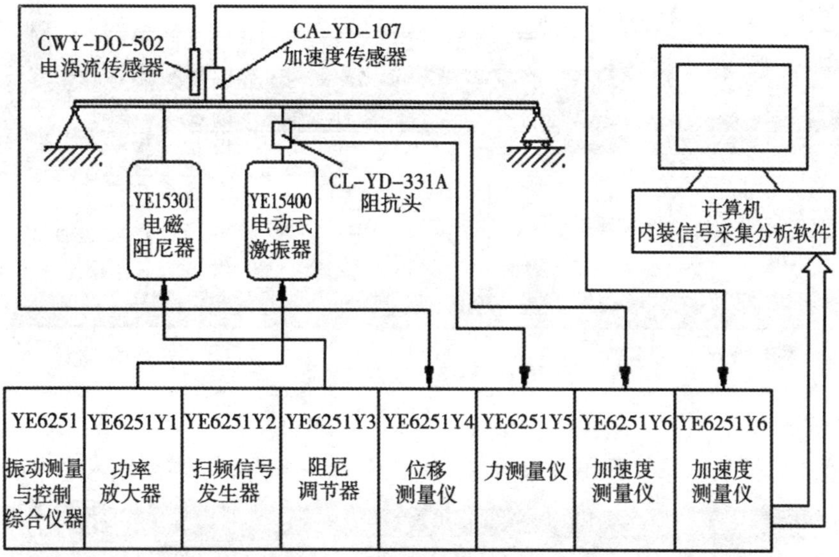

图1－3－1　实验装置

2. 主要实验设备

振动力学实验台、激振器、电涡流传感器、加速度传感器、力传感器、振动测量与控制综合仪器、计算机。

三、实验原理

强迫振动激振力、位移、速度、加速度响应分别为

$$F = F_0 \sin\omega t$$

$$x(t) = B\sin(\omega t - \phi)$$

$$\dot{x}(t) = \omega B\sin\left(\omega t - \phi + \frac{\pi}{2}\right)$$

$$\ddot{x}(t) = \omega^2 B\sin(\omega t - \phi + \pi)$$

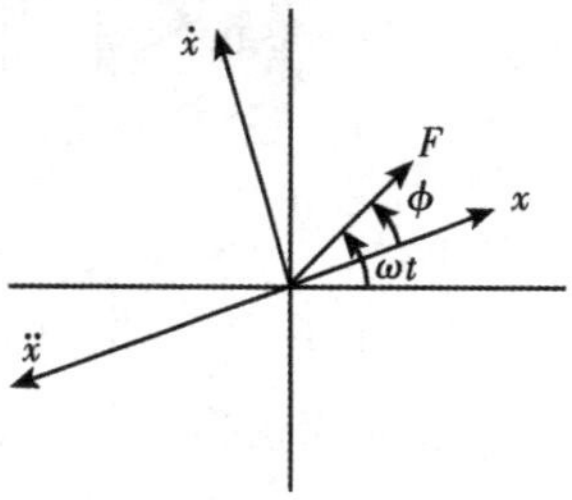

图1－3－2　相位关系图

它们之间的相位关系为：位移滞后力 ϕ 角，速度超前位移$\frac{\pi}{2}$，加速度超前位移 π，用旋转矢量表示如图 1－3－2 所示。

四、软件操作

图 1－3－3 为实验软件的主界面，可根据以下介绍掌握其各部分的功能。

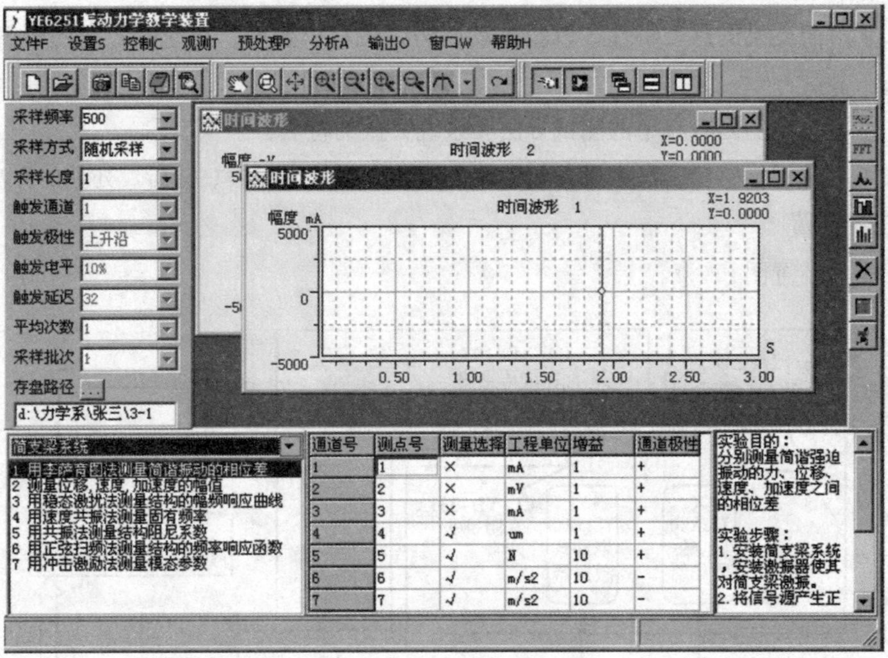

图 1－3－3　软件主界面

1. 登录输入

运行实验软件后，系统弹出登录窗口，如图 1－3－4 所示，需要输入个人信息。

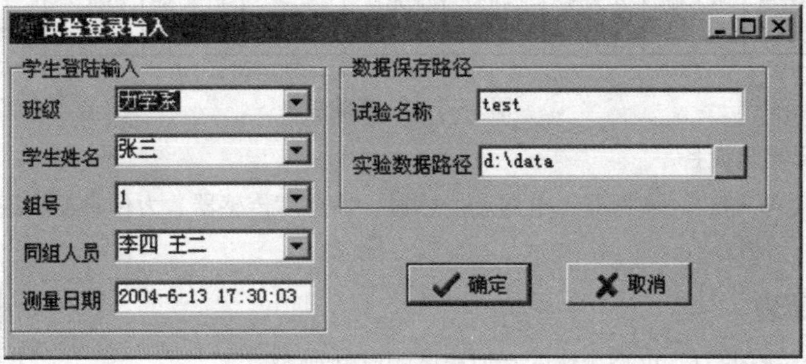

图 1－3－4　登录窗口

2. 试验项目选择(包括系统名称、试验项目名称)

在登录窗口按“确定”按钮，系统进入主界面，参见图 1－3－3；首先要进行实验项目的选择。本实验选择“简支梁系统”，分别选择其中的 1，2，6 三个实验项目，如图 1－3－5所示。选择试验项目后，同学们可参考右侧实验向导中的实验步骤提示进行相应的实验。

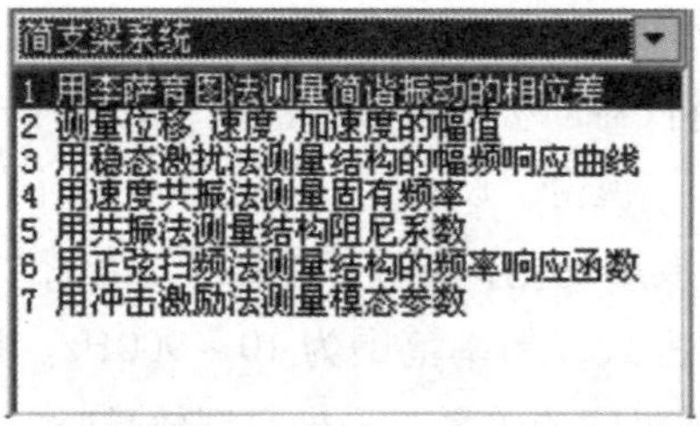

图 1-3-5 实验项目的选择

3. 通道参数设置

当选择一个实验项目时，系统已经给出一个默认的通道设置，通道参数包括测点号设置、通道是否测量设置、工程单位设置和满量程设置(即通道增益选择)，如图 1-3-6 所示。根据实际情况，可以对通道参数进行修改。

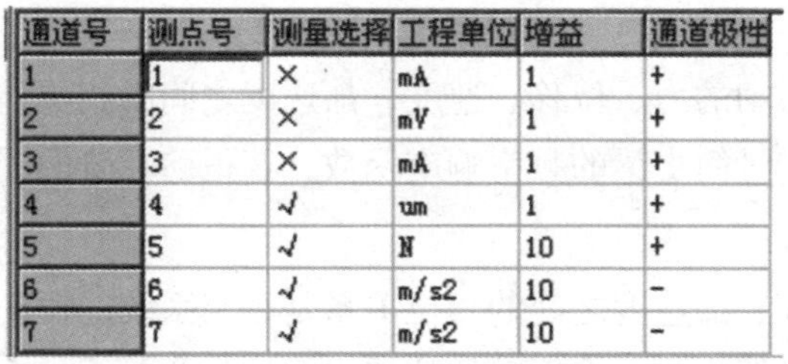

通道号	测点号	测量选择	工程单位	增益	通道极性
1	1	×	mA	1	+
2	2	×	mV	1	+
3	3	×	mA	1	+
4	4	√	um	1	+
5	5	√	N	10	+
6	6	√	m/s2	10	-
7	7	√	m/s2	10	-

图 1-3-6 通道参数设置

4. 系统参数设置

包括采样频率、采样方式等，本实验选择系统默认设置，参见图 1-3-3 左上侧选项。

5. 视窗设置

选择视窗右上方工具栏的“时间波形”按钮，可以创建时间波形视图，参见图 1-3-3中间显示窗口。也可以设置其他类型的分析视图，如 FFT 分析、传递函数分析、统计分析等视图，参见图 1-3-3 右上侧选项。

6. 数据采集

数据采集部分包括联机按钮和采集按钮。

采集前，一般先选择“示波”进行试调，如果显示异常，可以通过改变采集参数进行调节。调试正常后，再使用指定的方式采集所需要的数据。

7. 数据分析和处理

根据采集的数据，可选择下拉菜单、快捷按钮或在数据视窗点击鼠标右键选择不同的处理方式来获得实验所需数据。

五、实验步骤

1. 检查各仪器的连接线是否连接正确，激振器、传感器的连接件是否安装牢固；功率放大器输出旋钮应置为最小。

2. 打开所有仪器电源的开关，运行实验软件，选择简支梁系统的实验项目 1 或 2。

3. 将信号源产生的正弦信号的频率设置为 40Hz，将功放面板的“输入选择”置于 INT 位置，使激振器激振。将仪器面板上各参数的数值记录下来。

4. 打开一个“时间波形”视窗，设置窗口属性，使四个信号同时载入视窗。

5. 进行数据采集，观察波形变化，并在记录纸上画出相位草图。

6. 将信号源设置为扫频方式，频率范围为 10～900Hz。将扫频周期设置为最小。注意扫频速度与采样长度和采样时间的关系。采样数据较长时，波形平滑。

7. 选择简支梁系统的实验项目 6，打开两个时间波形和一个窗函波形观察视图，将窗函波形的输入通道设置为 5，窗函数设置为汉宁窗；输出通道设置为 6，窗函数设置为汉宁窗，谱线数设置为 800；分析长度设置为 64k 点。进行数据采集，识别固有频率。

六、实验要求

1. 分别用位移、速度、加速度传感器测量同一简谐强迫振动的力、位移、速度、加速度幅值。

2. 测量简谐强迫振动的力、位移、速度、加速度之间的相位差。

3. 用正弦扫频法测量简支梁的频率响应函数，获得前几阶的固有频率。

七、思考题

1. 力、位移、速度、加速度之间的相位关系是否与系统的振动频率有关?

2. 指出共振时，激振力与系统振动的位移之间的相位关系。

3. 随着系统固有频率级数的增加，系统振动的振幅有什么变化趋势?

4. 根据简支梁振动的特点，指出对激振器的安装位置有什么特殊要求?

八、实验数据

1. 力、位移、速度、加速度幅值；

2. 用正弦曲线表示的各参数之间的相位草图；

3. 前几阶固有频率值及频率响应函数草图。

九、实验报告

1. 实验目的

2. 主要实验设备

3. 实验步骤

4. 实验分析

（1）力、位移、速度、加速度幅值；

（2）画出各参数之间的相位图，分析各参数之间的相位关系；

（3）画出频率响应函数图，指出前四阶固有频率值。

5. 思考题

§1-4 单圆盘转子临界转速的测量实验

一、实验目的

1. 掌握测量转子临界转速的基本方法，认识回转机械的共振现象；

2. 了解电涡流传感器等仪器的使用方法。

二、实验装置

1. 实验装置图

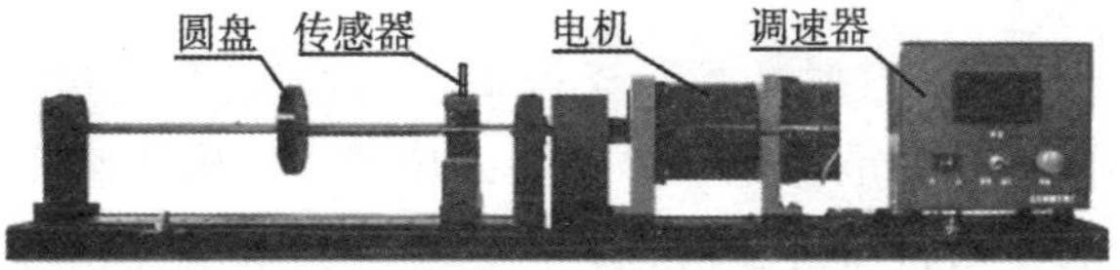

图1-4-1 实验装置图

2. 主要实验设备

ZHS-2 型多功能转子实验台、示波器等。

三、实验原理

本实验是根据理论力学振动部分提出的临界转速理论开设的。对于回转机械，经常由于转子偏心而发生振动。当转速增加到某一数值时，振动会变得非常激烈；超过这一转速，振幅又会很快降下来。把使转子发生激烈振动的特定转速称为临界转速。本实验是以单圆盘旋转轴为测试对象(即单自由度系统)的。

临界转速理论指出：当一个单圆盘轴系组成后，它就具有一个固有频率，即为临界转速。其计算公式为

$$n_n = \omega_n \times \frac{60}{2\pi} = \frac{30}{\pi}\sqrt{\frac{3E\pi d^4 g}{4[(\pi D^2/4)\times A + (\pi d^2/8)l] \times \rho l^3}}$$

式中，E——钢的弹性模量，$E=2.1\times10^6\text{kg/cm}^2$；

ρ——钢的密度，$\rho=0.0078\text{kg/cm}^3$；

D——圆盘直径；

A——圆盘厚度；

d——轴的直径；

l——轴的长度。

在本实验中，测点处安装了两个相互垂直的电涡流传感器(X，Y 向互呈 90°，如图1-4-2所示)，其拾振信号从前置器输出接双线示波器，测试李萨育图形。开启电机，逐渐加大转速，开始时图形为一近似椭圆，如图1-4-3 所示；当接近或达到第一临界转速时，椭圆达到最大，示波器图形从 a 转向 b，如图 1-4-4 所示，表示轴的相位发生了很

大变化(约180°)，此时转速表显示值即为第一临界转速。转速大于此转速后，椭圆迅速缩小。

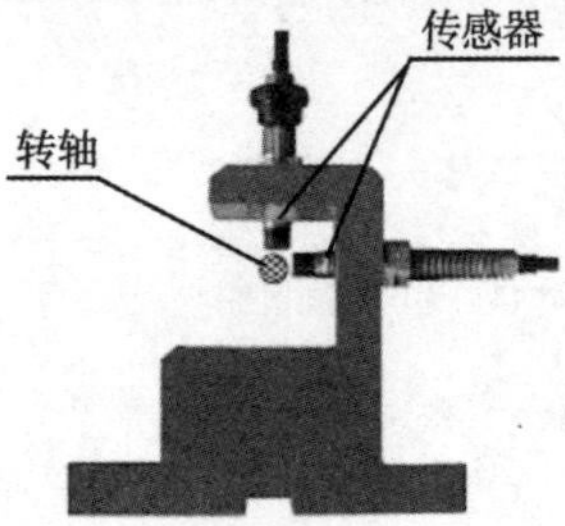

图1－4－2

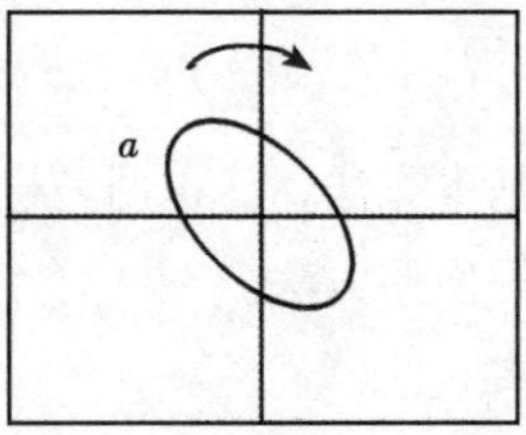

图1－4－3

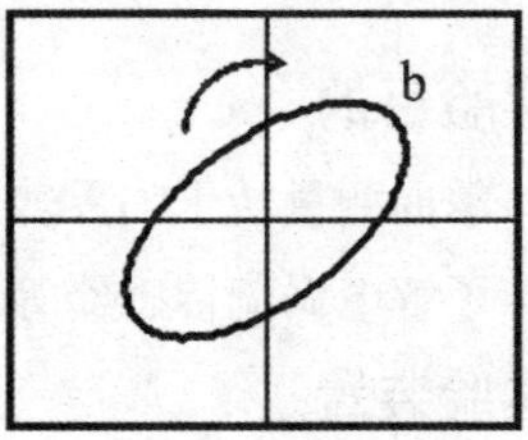

图1－4－4

四、实验步骤

1. 检查所有仪器电源开关是否处于“关”的位置，电机调速旋钮是否处于“零”的位置，运行/暂停开关置于运行位置；检查各连接导线、电源线是否连接正确；经指导教师检查后，方可进行实验。

2. 打开所有仪器开关，按下示波器|X－Y|按钮。

3. 顺时针调节电机调速旋钮，并观察示波器上李萨育图形的变化情况，当图形出现如图1－4－4所示的情况时，记录下此时的电机转速，并将电机调速旋钮调回零位。

4. 重复以上述步骤两次，经指导教师检查后，将三次测量数据填于表1－4－1中。

5. 关闭所有实验仪器，结束实验。

表1－4－1

测量次数	一	二	三	均值
转速				

注意：旋转设备注意安全。

五、实验要求

1. 按照理论公式计算出单圆盘旋转轴临界转速的理论值；

2. 对实测值与理论计算值进行误差分析。

六、思考题

1. 什么是临界转速?

2. 本实验是怎样测出临界转速的?

3. 分析产生误差的主要原因。

七、实验数据

临界转速测量表

测量次数	一	二	三	均值
临界转速				

转轴基本尺寸：

圆盘直径 $D =$

圆盘厚度 $A =$

轴的直径 $d =$

轴的长度 $l =$

弹性模量 $E = 2.1 \times 10^6 kg/cm^2$

钢的密度 $\rho = 0.0078 kg/cm^3$

八、实验报告

1. 实验目的
2. 主要实验设备
3. 实验步骤
4. 实验分析

   理论值 $n_n =$ （有过程）

   误差 $\Delta =$
5. 思考题

附录　主要实验设备工作原理

一、电涡流传感器

电涡流传感器是一种将机械位移或振动幅度转换成电信号输出的电测装置，具有非接触测量的优点，特别适用于旋转体的测量。它由探头(传感器)、延伸电缆和转换器(前置器)组成。

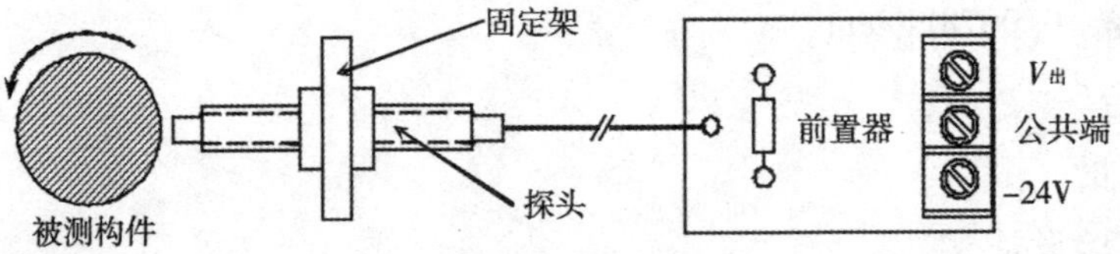

图 1-4-5

传感器端部的线圈 L_1 被高频电流 I_e 激励，产生高频磁场 Φ_1，当被测金属导体靠近这个高频线圈时，由于高频磁场 Φ_1 的作用，在导体表面产生电涡流。电涡流又产生与 Φ_1 相反的磁场 Φ_e，以抵抗原磁场 Q 的变化。如图 1-4-6 所示，这一过程要损耗能量，使线圈 L_1 的电感量变化，损耗电阻增加，品质因素 Q 值变化，这些参数的变化量随着被测量导体与线圈之间的间隙 S 的大小而变化。采用适当的电路检测这个变化量，即可实现位移或振幅的测量。如图 1-4-7 所示。

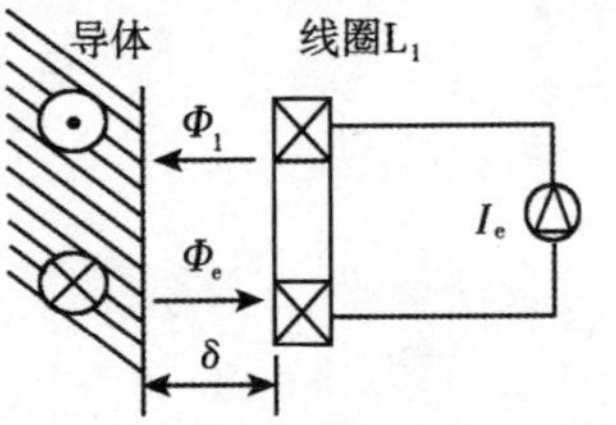

图 1-4-6　涡流效应原理图

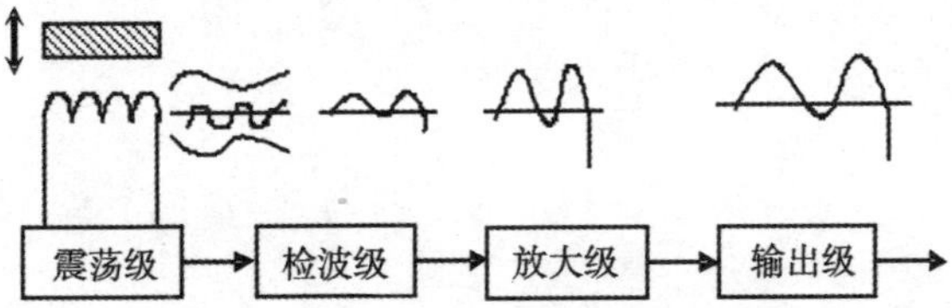

图 1-4-7　前置器原理图

二、试验台转速控制显示装置

试验台转速控制显示装置由控制电源及速度显示单元组成，面板结构如图 1-4-8 所示。

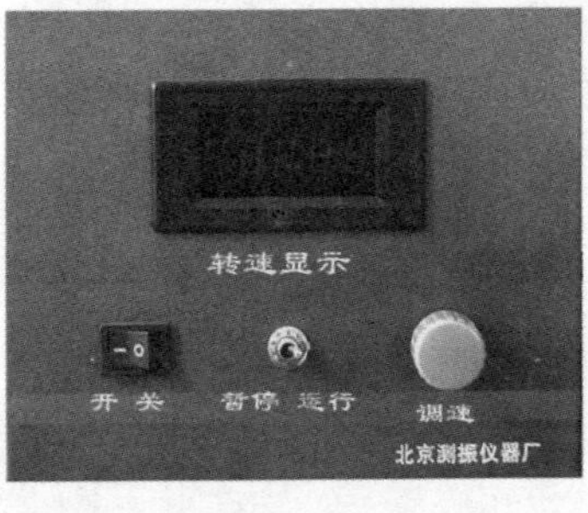

图 1-4-8　实验台转速控制显示装置

使用注意事项：

1. 开机前，检查所有电缆是否连接正确，试验台安全防护罩是否安装好，调速旋钮逆时针调至零位，运行/暂停开关置于运行位置。

2. 停机时，调速旋钮应返回零位，运行/暂停开关置于暂停位置。

三、变送器的使用

本实验采用的是 SLM－4000J/W 加速度、位移变送器，它可同时连接两个压电加速度传感器和两个电涡流传感器，测定被测物体的振动加速度和旋转轴的径向振动位移，并将所测得的振动信号转换为与之相对应的 0～5VAC 的电压信号输出，供数据采集设备、示波器或计算机等使用。

变送器与传感器和输出设备(本实验为示波器)的连接如图 1－4－9 和图 1－4－10 所示。使用时，打开交流电源开关，变送器即开始工作。

注意：变送器配置有只能在本机上使用的加速度传感器，不要弄错；变送器输出的电压信号为交流单峰值。

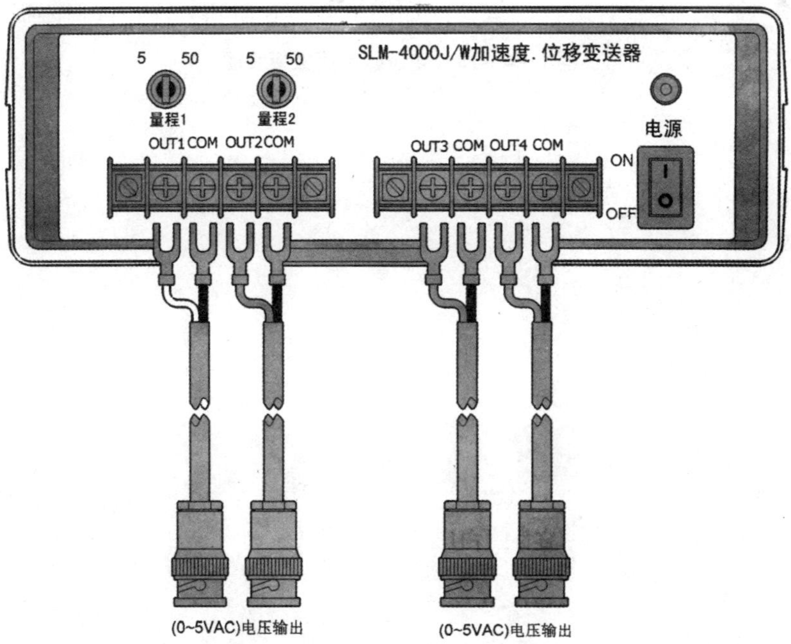

图 1－4－9　变送器前面板接线图

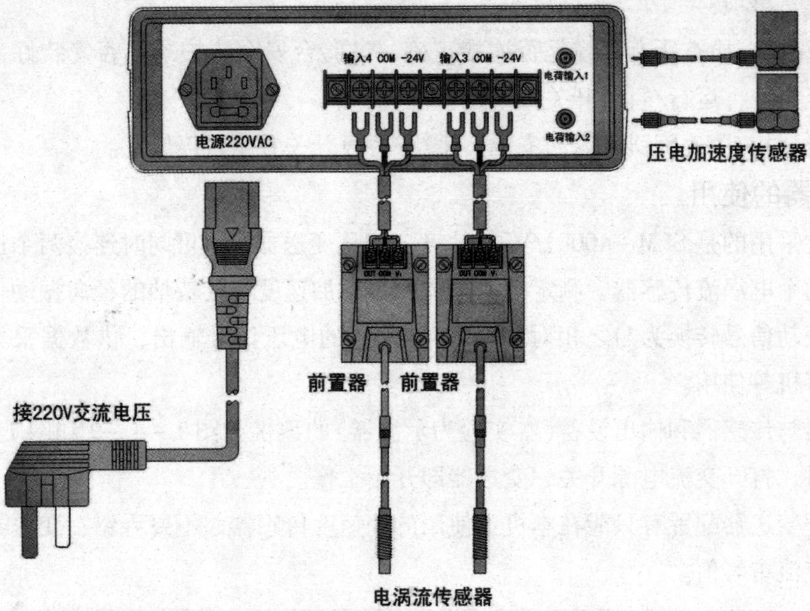

图 1-4-10　变送器后面板接线图

§1－5* 刚性转子现场动平衡实验

一、实验目的

1. 了解刚性转子动平衡的基本原理和步骤；

2. 了解动平衡仪及相关设备的使用方法；

3. 了解现场动平衡的几种方法（掌握试重法单平面动平衡过程）。

二、实验装置

1. 实验装置见图1－4－1。

2. 实验设备

ZHS－2型多功能转子试验台，VT800便携式动平衡仪等。

三、实验原理

本实验为设计型综合实验，在做实验之前，应充分预习和查阅相关的资料，了解不同的动平衡方法。

工程中许多高速旋转的设备（如发电机、电动机、汽轮机等）的转子都不是理想的对称刚体，在轴承安装时，也可能存在误差（偏心、偏角）。所以，工作时会产生不平衡的惯性力系，引起很大的轴承动约束力。这种交变的动约束力可引起轴承和轴承支座的强烈振动，从而影响机器的工作性能和使用寿命。消除动约束力的方法是对转子进行动平衡，即通过在转子上适当的地方附加（或除去）小质量块，用其产生的惯性力去平衡原来不平衡的惯性力系，使转轴成为有一定精度的中心惯性主轴。

本实验采用的是一种刚性转子动平衡的方法，即试重法单平面动平衡方法，结合动平衡仪完成。所谓刚性转子，即工作转速低于最低阶临界转速的转子，反之称为柔性转子。

下面结合VT800便携式动平衡仪来说明试重法单平面动平衡方法。

首先介绍VT800便携式动平衡仪一些符号定义。

*A*0：原始振动；

*A*01：试加重后的振动；

P：试加重量；

K：影响系数；

M：平衡系数。

四、平衡过程

1. 安装、连接好实验台和设备的部件及导线。打开动平衡仪，屏幕显示如图1－5－1所示。

按回车键，屏幕进入方式选择菜单，如图1－5－2所示。

图1－5－1

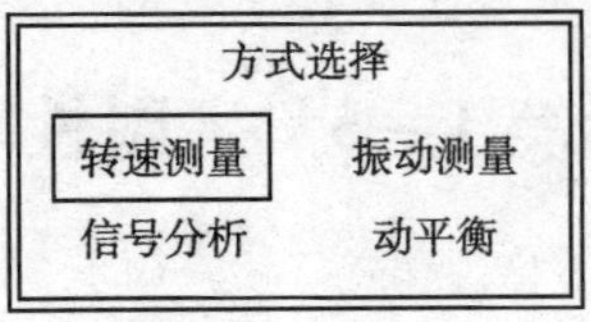

图1－5－2

2. 在方式选择菜单下，按↑↓←→键选择<动平衡>，按回车键，屏幕显示预置转速画面，如图1－5－3所示。再按回车键，屏幕进入动平衡菜单，如图1－5－4所示。

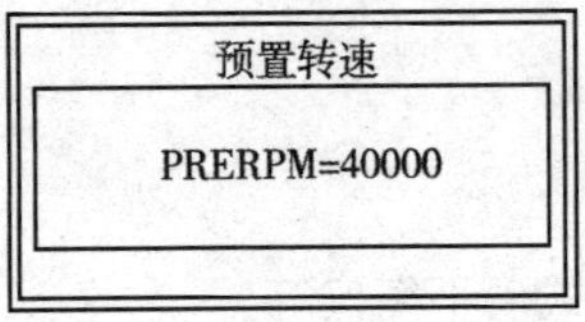

图1－5－3

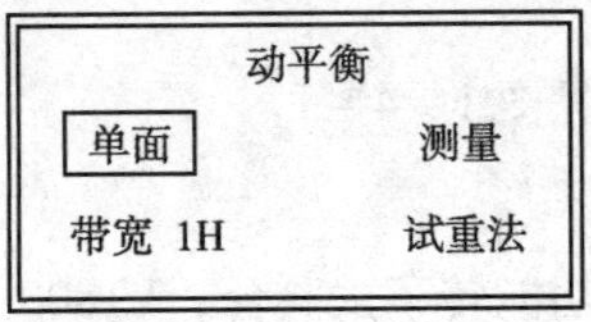

图1－5－4

3. 可以自己设定“预置转速”数值，缺省设置为4000RPM。当实际转速大于预置转速时，仪器进入“保持”状态，相当于按下保持键。一般选择缺省设置，按回车键，进入下一菜单。

4. “带宽”：滤波带宽如图1－5－4所示，将光标移动到带宽，按“＋”键，可选择0.2，1，5Hz。

5. 在图1－5－4所示状态下，按回车键，屏幕显示如图1－5－5所示。

6. 按回车键，屏幕显示如图1－5－6所示。

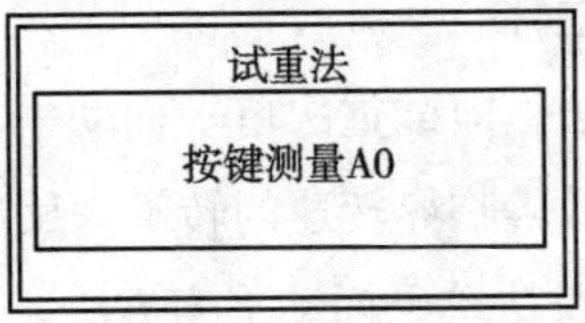

图1－5－5

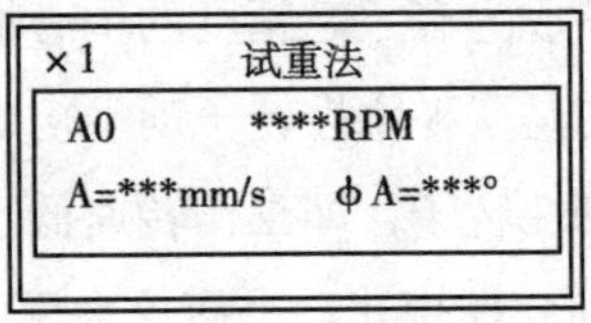

图1－5－6

7. 当图1－5－6所示的测量值稳定下来后，按“保持”键，屏幕右上角出现“**”，表示数据已经锁定。按回车键，屏幕显示如图1－5－7所示。

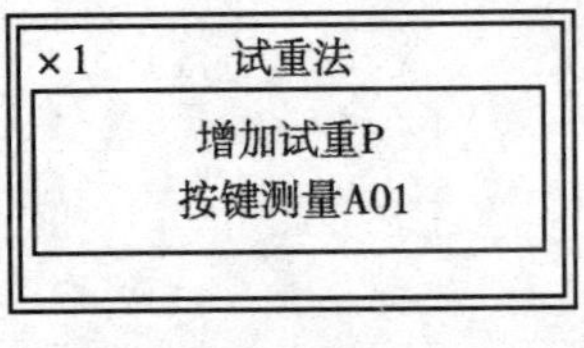

图1－5－7

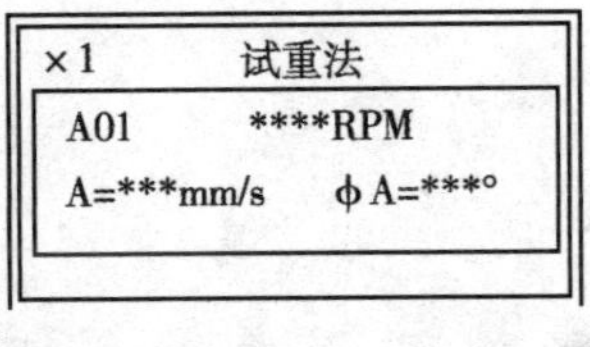

图1－5－8

8. 制动转子。在转子上加试重，试重所加位置应与将要加的配重处于同一径向平面的同一半径上。启动转子，按“回车”键，屏幕显示如图1－5－8所示。

9. 当图 1－5－8 中的转速稳定在与图 1－5－6 相同的转速，且振动量 A 及角度 ϕ_A 稳定下来后，按“保持”键，屏幕右上角出现“ ** ”，锁定读数。此时的 A，ϕ_A 值会明显地不同于图 1－5－6，否则说明所加试重太小。

10. 在图 1－5－9 中，按动 ↑ 或 ↓ 键，可以使大光标在 P 值，g，ϕ 之间切换；按动 ← 或 → 键，可以使小光标“－”在各位之间切换；按动“＋”或“－”键，可以改变各位的数值，或将 g 与 K_g 之间相切换。

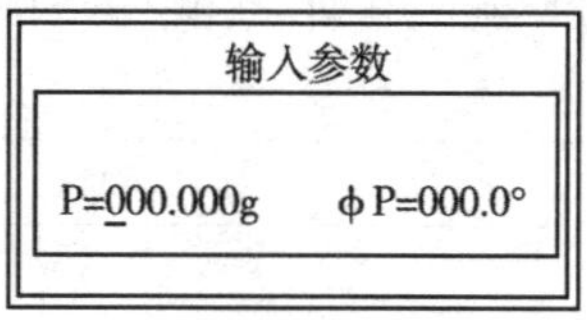

图 1－5－9

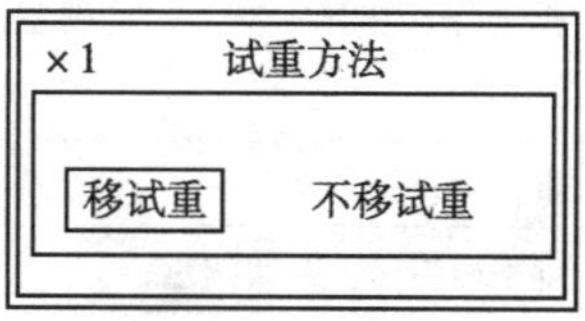

图 1－5－10

输入所加试重的大小 P 及位置 ϕ_P（试重相对于光电标志逆转速方向所转过的角度）。按“回车”键，屏幕显示如图 1－5－10 所示。

11. 在图 1－5－10 中，“移试重”或“不移试重”的选择应根据具体的动平衡工艺而定。对于试重焊接在转子上的情况，只能选择“不移试重”；而对于采用螺钉连接等非永久连接方式固定的试重，则可以选择“移试重”。

本实验选择“移试重”，按“回车”键，屏幕显示如图 1－5－11 所示。

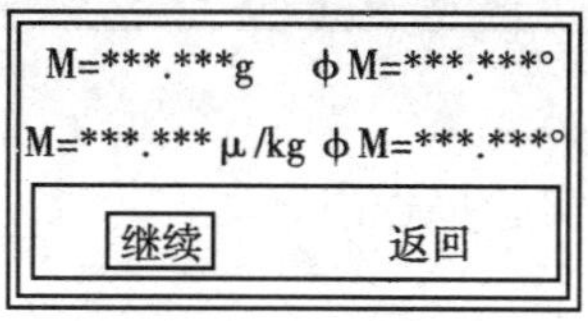

图 1－5－11

其中，M 为应加在转子上的配重大小；

ϕ_m 为应加在转子上配重的位置（对于光电标志逆转速方向所转过的角度）；

K，ϕ_k 为影响系数。

12. 制动转子。在转子上角度 ϕ_m 处增加配重 M。

启动转子。选择“继续”，按“回车”键，屏幕显示如图 1－5－5 所示。

按“回车”键，屏幕显示如图 1－5－6 所示。当转速稳定在“动平衡转速”，A 及 ϕ_A 值读数稳定时，按“保持”键锁定。可以看到振动量 A 值比加配重前明显减小。

如果对平衡结果还不满意，可重复操作 11，12。如果认为剩余不平衡量 M 值已经满足要求，则选择“返回”键，屏幕回到预置画面，动平衡过程结束。

五、实验操作举例

这里只是对实验过程做一简单的举例，供同学们参考，同学们应自己设计具体的实验步骤，认真完成。

进入平衡系统		
单平面平衡		
1. 选择：带宽、测量方法：	带宽 1Hz、试重法	
2. 预置转速：默认值为 40000rpm：	40000rpm	
3. 启动转子到平衡转速，按“回车”键开始测量：		
4. 显示屏上显示测量值：	2999rpm 6.4mm/s269°	
5. 按“保持”键，此值保持在显示屏上，若满意，则按“回车”键确认此值；否则，按“保持”键，重复 4，5 两个过程；		
6. 制动转子，加试重；	60g	90°
7. 第二次启动转子到平衡转速，开始测量；		
8. 显示屏上显示测量值：	2999rpm 12.7mm/s 268°	
9. 按“保持”键，此值保持在显示屏上，若满意，则按“回车”键确认此值；否则，按“保持”键，重复 8，9 两个过程；		
10. 制动转子；		
11. 将试重输入进仪器；	60g	90°
12. 移去试重否：移去试重；		
13. 显示屏上显示平衡重量：	61g	272°
14. 继续否，若继续，则重复 7～10，13，14 的过程；否则，结束。		

六、实验报告要求

参考前面的实验，自己设计实验报告内容。

七、思考题

1. 什么是静平衡和动平衡？
2. 简单描述本实验动平衡的原理。
3. 你还了解其他几种动平衡的方法。
4. 作动平衡的目的是什么？

§1－6　振型研究实验

一、实验目的

1. 了解振动台等设备的用途及使用方法；

2. 观察被测体的振型，绘制出前几阶节线的形状。

二、实验装置

1. 实验装置图

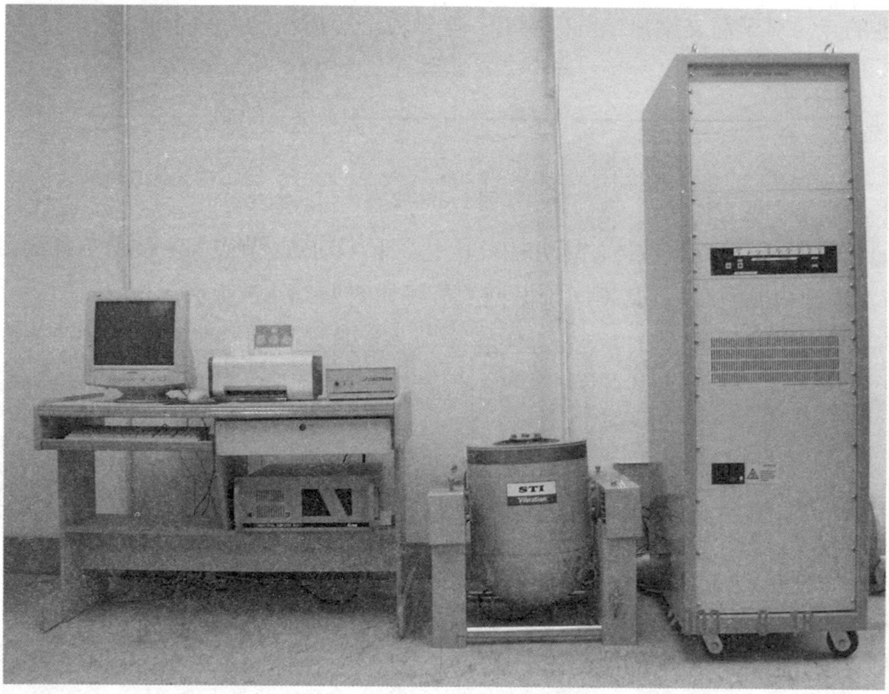

图1－6－1

2. 主要实验设备

电动振动系统（振动台如图1－6－1所示）。

注意：本设备需要专人操作，使用前，应熟读说明书。

三、实验原理

在振动测量中，振型的测量也是很重要的一个方面。所谓振型，就是振动时振动系统中各质点的振幅比。

例如，简支梁的振动位移表达式为

$$y(x,\ t)=Y(x)T(t)$$

其中，$Y(x)$即为振型。

当简支梁以某一固有频率振动时，就有一个相应的振型函数。如 $\omega=\omega_{n1}$，ω_{n2}，ω_{n3}，

…时，则相应的振型函数为

$$\left.\begin{aligned} Y_1(x) &= A_1\sin\frac{\pi x}{l} \\ Y_2(x) &= A_2\sin\frac{2\pi x}{l} \\ Y_3(x) &= A_3\sin\frac{3\pi x}{l} \end{aligned}\right\}$$

分别称为该梁振动时的一阶、二阶、三阶……振型。简支梁的前三阶振型如图 1－6－2 所示。从图 1－6－2 中可见二阶振型除两个端点由于边界条件的要求而没有位移外，在梁的跨中还有一点在振动的过程中没有位移，称这样的点为振型节点，即除边界约束条件外，位移为零的点。对于简支梁，二阶振型有一个节点，三阶振型有两个节点……

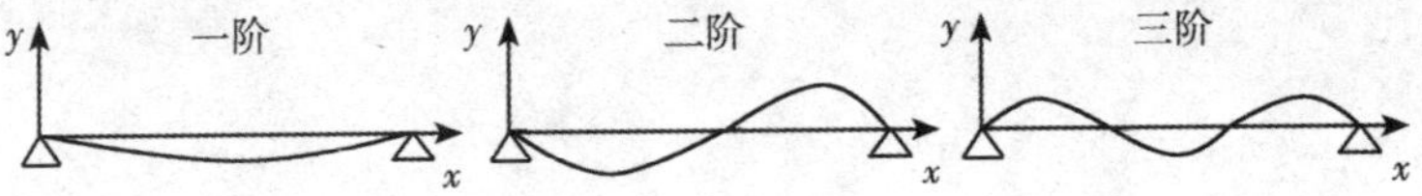

图 1－6－2

又如悬臂方板（二维弹性体）振动时，其上、下不动点（节点）会形成一条线，称为节线（即节点连续构成的线）。其不同阶振型的节线如图 1－6－3 所示。

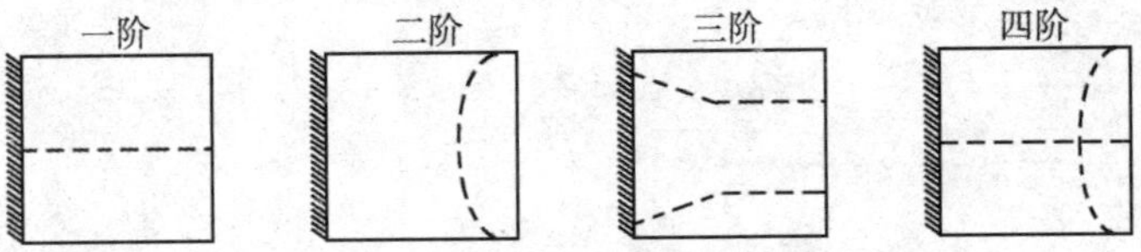

图 1－6－3

四、测试方法

测量节点、节线的方法很多，本实验采用的是最直观的测量方法，即细沙颗粒跳动法。这种方法是将水平放置的被测体上撒上细沙，将被测体扫频激振，当被测体振动达到某阶振动时，跳动的细沙会集中到节线处，从而显示出节线的位置。这种方法非常直观，缺点是只能找到水平面上的节点。

五、思考题

1. 什么是节点、节线？
2. 你还知道其他测量振型的方法吗？
3. 测量振型有什么实际意义？

六、实验报告要求

参考前面的实验，自己设计实验报告内容，画出被测体各阶节线或节点示意图。

第二章　工程力学、材料力学实验

§2－1　拉伸实验

常温静载拉伸实验是材料力学性能的基本实验。材料的一些主要力学性能是通过拉伸实验来测定的。

一、实验目的

1. 测定低碳钢在拉伸过程中的几个重要力学性能指标：屈服极限 σ_s、强度极限 σ_b、延伸率 δ、截面收缩率 ψ，测定铸铁的强度极限 σ_b。

2. 观察这两种材料的拉伸过程、破坏现象并绘制拉伸时的 $F-\Delta l$ 曲线。

3. 注意两种材料的不同表现，认识材料的性质。

二、实验设备及仪器

1. WDW－100 电子式万能实验机。

2. 游标卡尺。

三、实验原理

拉伸实验要统一按照国家标准 GB/T 228—2002 的要求进行。为了使实验数据具有科学性和可比性，试件应按照 GB/T 6397—1986 的规定，加工成标准试件。如由于材料尺寸限制等原因不能做成标准试件时，按照此规定也可做成比例试件。表 2－1－1 为圆形截面标准试件和比例试件的国标规定。对于板材，可制成矩形截面。圆形试件标距 $l_0=10d_0$ 和短试件 $l_0=5d_0$，矩形试件截面面积和标距 l_0 之间的关系为 $l_0=11.3\sqrt{A_0}$ 或 $l_0=5.65\sqrt{A_0}$。

试件两端为夹紧部分，根据不同的需要，圆形试件端部可做成圆柱形、阶梯形或螺纹形，如图 2－1－1 所示。

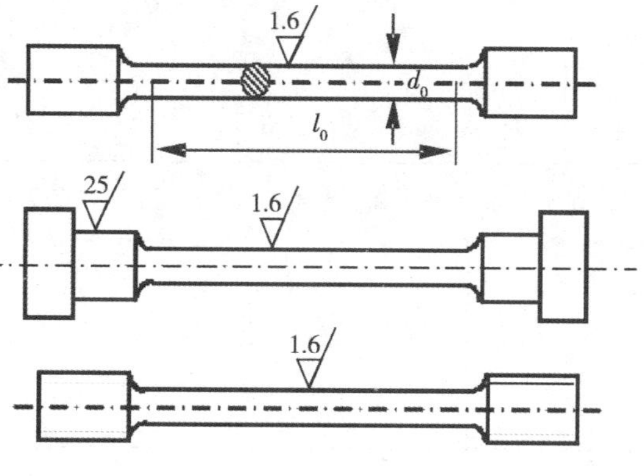

图 2－1－1

塑性材料在拉伸过程中的力学现象和脆性材料有明显的不同。图 2－1－2（a）为低碳钢静拉伸实验 $F-\Delta l$ 曲线。整个过程主要包括线弹性变形阶段（OA）、塑性屈服阶段（BC）、强化阶段（CD）和局部颈缩阶段（DE）。

在塑性屈服阶段，金属材料的塑性变形是由于晶界间产生滑移的结果。在抛光试件表面，可以观察到沿最大切应力方向的滑移线。

图 2－1－2（b）为铸铁的拉伸曲线。试件在经过很小的塑性变形后，即脆性断裂。

实验中要测定的强度指标为屈服极限 σ_s 和强度极限 σ_b。屈服极限 σ_s 定义为屈服时载荷 F_s 和初始截面积 A_0 之比

$$\sigma_s = F_s/A_0$$

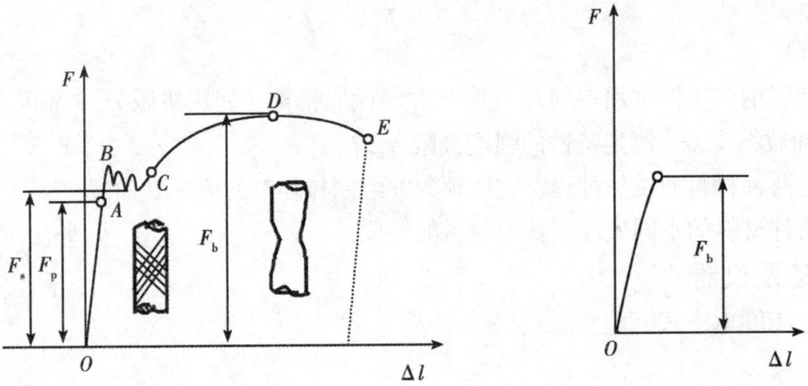

(a)　　(b)

图 2－1－2

低碳钢屈服时 $F-\Delta l$ 曲线有波动。GB/T 228—2002 规定：出现屈服现象的金属材料的屈服点 σ_s 是试样在实验过程中载荷几乎不变仍能继续伸长时的应力。如力发生下降，应区分上、下屈服点。上屈服点 σ_{su}：试件发生屈服而力首次下降前的最大应力，下屈服点 σ_{sl}：当不计初始瞬时效应时屈服阶段中的最小应力。由于上屈服极限受到实验条件影响较大，一般多采用下屈服强度作为材料的屈服极限 σ_s。

抗拉强度 σ_b 定义为最大载荷 F_b 与初始截面面积 A_0 之比，于是

$$\sigma_b = F_b/A_0$$

表 2－1－1　　**试件尺寸**

标样		标距长度 l_0/mm	横截面面积 A_0/mm^2	圆形试件直径 d_0/mm	试件延伸率表示记录
标准的	长	80	53.4	8	δ_{10}
	短	50			δ_5
比例的	长	$11.3\sqrt{A_0}$	任意	任意	δ_{10}
	短	$5.65\sqrt{A_0}$			δ_5

表 2-1-2　　试件允许偏差

试件直径/mm	试件标距部分尺寸偏差/mm		标距内（$d_{max}-d_{min}$）允许偏差/mm
	d_0	l	
$d_0<10$	±0.1	±0.1	0.02
$d_0\geqslant10$	±0.2	±0.1	0.05

表征材料塑性大小的两个指标为延伸率 δ 和断面收缩率 ψ，分别为

$$\delta=\frac{l_1-l_0}{l_0}\times100\%,\ \psi=\frac{A_0-A_1}{A_0}\times100\%$$

式中，l_0，A_0——实验前的标距和横截面面积；

l_1，A_1——拉断后的标距和断口横截面面积。

四、实验步骤

1. 用游标卡尺在试件标距内取三处，在每一截面处测量两个互相垂直方向的直径，并取平均值。因为在计算材料强度时，一般考虑试件从最薄弱处的截面破坏，所以取三个截面中最小的平均直径用做计算截面面积。

2. 移动实验机上夹头，并将试件安装在实验机的上、下夹头内。

3. 将原始数据输入计算机，选择加载速度，将载荷位移及数值清零，再用鼠标按“开始”按钮。试件拉断后，机器自动停止工作。

4. 取下试件，观察断口形貌。将低碳钢试件对准断口，测量试件断口处最细部位的直径 d_1 及断后长度 l_1。

五、实验数据记录

表 2-1-3

材料	实验前										
	标距 l_0/mm	直径 d_0/mm									横截面面积 A_0/mm^2
		截面Ⅰ			截面Ⅱ			截面Ⅲ			
		(1)	(2)	平均	(1)	(2)	平均	(1)	(2)	平均	
低碳钢	80.00										
铸铁											

材料	实验后				
	标距 l_1/mm	断口直径 d_1/mm			断口横截面面积 A_1/mm^2
		(1)	(2)	平均	
低碳钢					

（1）低碳钢

$F_s=$ ________ kN

$F_b=$ ________ kN

（2）铸铁

$F_b =$ ________ kN

六、思考题

1. 比较低碳钢和铸铁的拉伸力学性能。
2. 低碳钢拉伸图大致可分为几个阶段？各阶段有何特征？
3. 为什么拉伸实验要采用统一的国家标准？

七、实验报告要求

1. 实验目的
2. 实验设备
3. 实验原理
4. 实验步骤
5. 实验数据
6. 实验分析结果：

（1）低碳钢

$$\sigma_s = \frac{F_s}{A_0} = \underline{\qquad\qquad} \text{ MPa};$$

$$\sigma_b = \frac{F_b}{A_0}\underline{\qquad\qquad} \text{ MPa}$$

$$\delta_{10} = \frac{l_1 - l_0}{l_0} \times 100\% = \underline{\qquad\qquad}\%$$

$$\psi = \frac{A_0 - A_1}{A_0} \times 100\% = \underline{\qquad\qquad}\%$$

（2）铸铁

$$\sigma_b = \frac{F_b}{A_0} = \underline{\qquad\qquad} \text{ MPa}$$

（3）绘制低碳钢和铸铁试件的 $F - \Delta l$ 曲线及断口形貌。

7. 回答思考题

§2－2　压缩实验

一、实验目的

1. 测定低碳钢压缩屈服极限 σ_s；
2. 测定铸铁压缩强度极限 σ_b；
3. 观察断口特征，分析破坏原因。

二、实验设备及仪器

万能材料实验机（结构如图 2－2－1 所示）、游标卡尺。

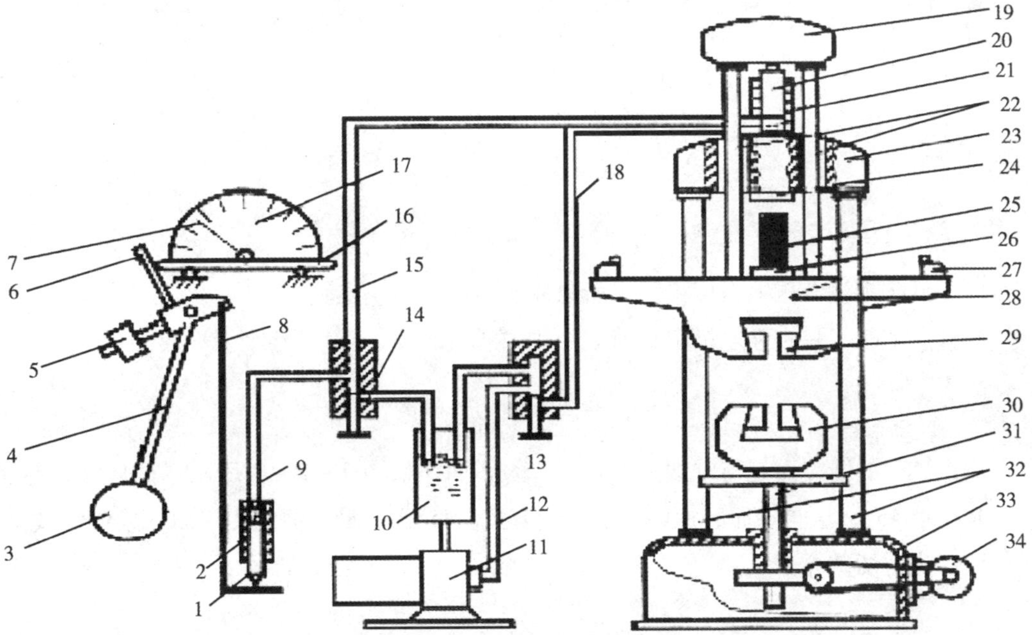

图 2－2－1　万能材料实验机

1—测力活塞杆；2—测力液压缸；3—摆锤；4—摆杆；5—平衡轮；6—推杆；7—指针；8—拉杆；9—测力油管；10—油箱；11—油泵；12，18—送油管；13—送油阀；14—回油阀；15—回油管；16—齿杆；17—测力刻度盘；19—上横梁；20—工作活塞；21—工作油缸；22—活动立柱；23—固定横头；24—上垫板；25—压缩试样；26—下垫板；27—活动台；28—弯曲支座；29—上夹头；30—下夹头；31—螺柱；32—固定立柱；33—底座；34—下夹头驱动电动机

三、实验原理

金属材料的压缩实验要统一执行国家标准。按照 GB/T 7314—2005 的要求，试件制成圆柱形，如图 2－2－2 所示，并规定 $1.0 \leqslant h/d \leqslant 2.0$。试件太细长时，容易被压弯；太短时，试件端面和实验机垫板之间的摩擦约束力会影响试件的承载能力。同时要求两端面平

行，表面粗糙度低，实验时接触面要适当润滑。试件和机器平台之间加球形垫板，使压力自动调中。

低碳钢试件压缩有较短的屈服阶段，如图 2-2-3（a）所示。测力盘指针停顿或回摆时，记下屈服极限载荷 F_s，则屈服极限

$$\sigma_s = \frac{F_s}{A}$$

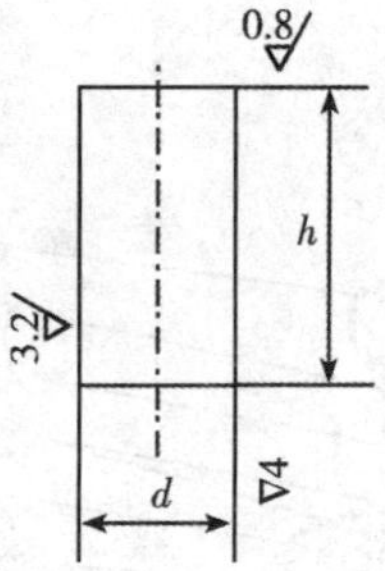

图 2-2-2　压缩试件

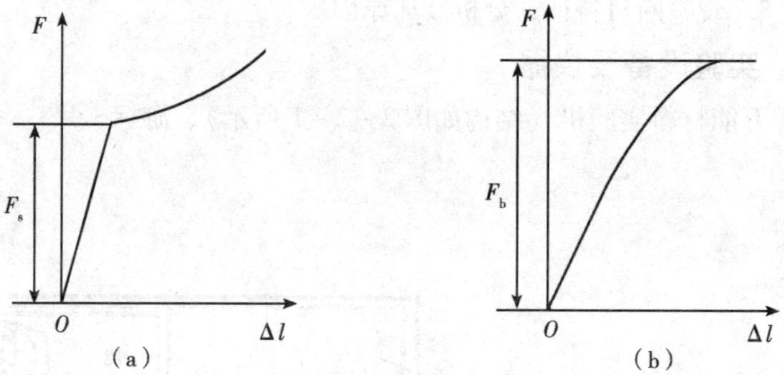

图 2-2-3

因为低碳钢没有压缩强度极限，所以屈服后即可停止实验。

铸铁压缩时，只有强度极限载荷 F_b，如图 2-2-3（b）所示。其强度极限

$$\sigma_s = \frac{F_b}{A}$$

铸铁试件的断裂面是与轴线呈 45°左右的斜面，如图 2-2-4 所示。试件 h/d 越大，断口越接近 45°，这与端面摩擦约束的影响有关。45°面为最大剪应力平面，故铸铁试件压缩的断口为剪切破坏。

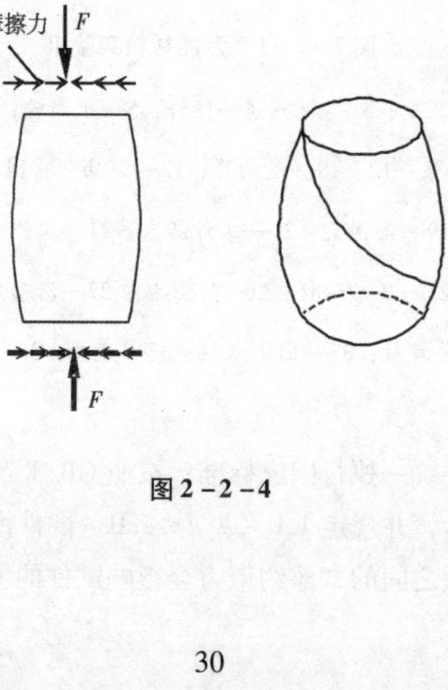

图 2-2-4

四、实验步骤

1. 测量试件直径并记录。估计最大载荷和选测力盘及相应的摆锤，测力盘指针调零。

2. 将试件放于压缩平台上，注意载荷对中。

3. 打开总开关，接通电源，开动油泵电机。打开送油阀，使工作台上升到距压头上端约 20mm 时，关闭送油阀。

4. 缓慢拧开送油阀约 1/2 圈进行加载实验，记下低碳钢试件屈服载荷 F_s 值，过屈服后，停止实验。铸铁试件压断为止，记下强度载荷 F_b 值。

5. 试件断裂后，关闭油阀，并停止油泵电机。取下断裂试样，观察断口。

6. 打开回油阀，卸载后关闭油阀，并将从动针拨回零点。

7. 切断电源。

五、实验数据记录

材　料	实验前				实验结果	
	直径 d_0/mm			截面面积 A_0/mm^2	F_s 或 F_b/kN	σ_s 或 σ_b/MPa
	（1）	（2）	平均			
低碳钢						
铸　铁						

六、思考题

1. 铸铁试件断口平面有何特征？是什么应力引起的？

2. 比较低碳钢拉伸与压缩的屈服极限 σ_s。

3. 比较铸铁拉伸与压缩的强度极限 σ_b。

七、实验报告要求

1. 实验目的

2. 实验设备

3. 实验步骤

4. 实验数据记录

5. 计算实验结果

（1）低碳钢屈服极限

$$\sigma_s = \frac{F_s}{A_0}$$

（2）铸铁压缩强度极限

$$\sigma_b = \frac{F_b}{A_0}$$

6. 回答思考题。

§2－3　扭转实验

一、实验目的

1. 测定低碳钢的剪切屈服极限τ_s和剪切强度极限τ_b；
2. 测定铸铁的剪切强度极限τ_b。
3. 分析比较两种材料的断口形貌。

二、实验设备及仪器

CTT/202型微机控制电子扭转实验机、游标卡尺。

三、实验原理

扭转实验按照金属材料室温实验国家标准（GB/T 10128—1988）进行，采用圆形截面的扭转试样，可以测定各种工程材料在纯剪切情况下的力学性能。如材料剪切屈服极限τ_s和剪切强度极限τ_b等。圆形截面试样须按照上述国家标准制成，如图2－3－1所示。试样两端的夹持段铣平，这样可以有效地防止试件在实验机卡头中打滑。

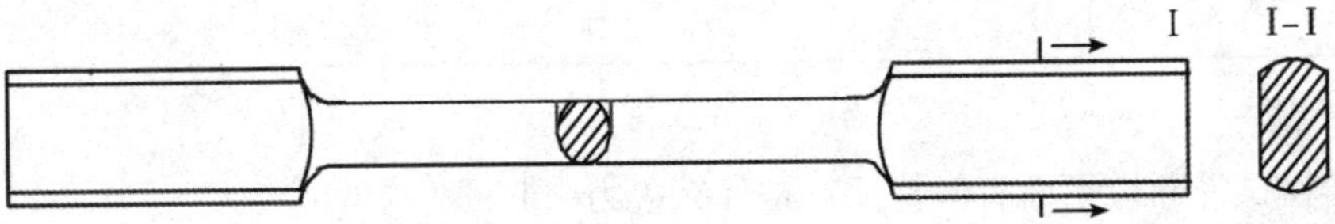

图2－3－1　扭转试件图

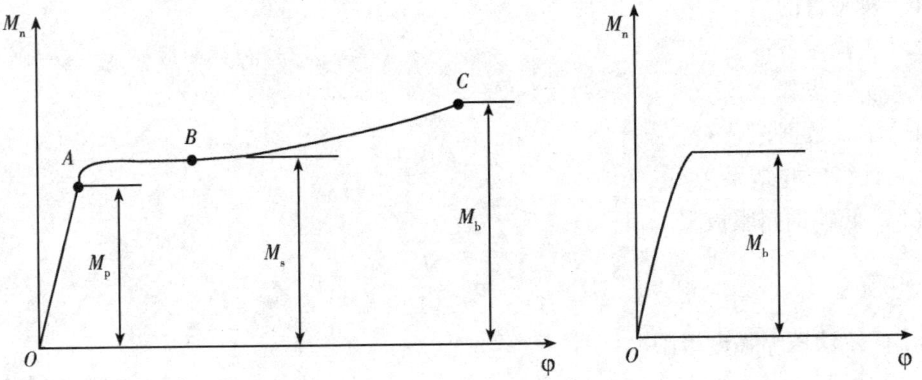

（a）低碳钢　　（b）铸 铁

图2－3－2

试件承受的扭矩在剪切比例极限以内时，处于线弹性阶段OA（见图2－3－2（a）），切应力和切应变服从胡克定律，即

$$\tau = G\gamma$$

当扭矩超过 M_p，试件表面开始形成塑性区，转角越大，塑性区越深入到中心，$M-\varphi$ 曲线开始平坦，一直到 B 点，这时 $M_n=M_s$，可以近似地认为整个截面切应力都达到屈服极限 τ_s（见图 2－3－2（b）），则

$$M_s=\int_A \tau_s \rho \mathrm{d}A=\tau_s\int_A \rho \mathrm{d}A=\frac{4}{3}\tau_s W_n$$

或

$$\tau_s=\frac{3}{4}\frac{M_s}{W_n}$$

其中

$$W_n=\frac{\pi d^3}{16}$$

变形过 B 点后，材料开始强化，一直到 C 点时，扭矩达到极限值 M_b。此时可以认为横截面上的切应力均达到强度极限 τ_b，试件被剪断。剪切强度极限 τ_b 计算公式的推导与屈服极限 τ 相似。近似值为

$$\tau_b=\frac{3}{4}\frac{M_b}{W_n}$$

铸铁因为抗拉能力弱，被 45°方向上的主应力所拉断，故扭转破坏时，断口呈 45°螺旋曲面，如图 2－3－3 和图 2－3－4 所示。

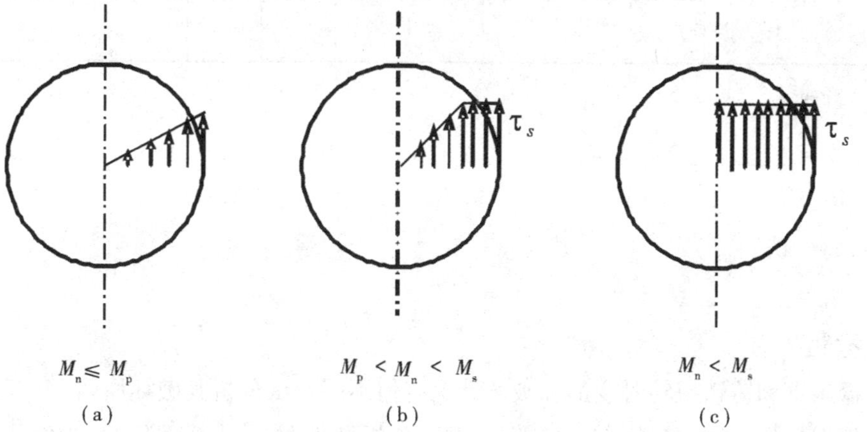

图 2－3－3

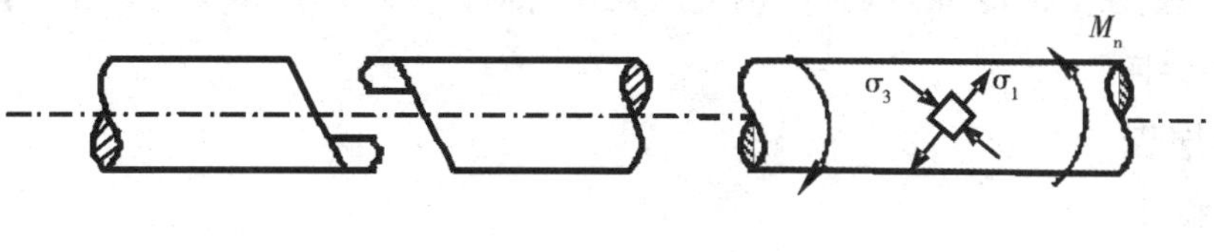

图 2－3－4

四、实验步骤

1. 测量直径并记录，其测量方法与拉伸实验相同。在低碳钢试件上画一条轴向线，

用以观察扭转变形。

2. 启动电脑，打开扭转实验机电源开关。

3. 打开控制软件并联机。

4. 按下实验机的“对正”按钮，并装夹试件。

5. 在控制界面的“实验部分”中选择“新实验”，根据试件材料确定相应的实验方案。

6. 输入试件尺寸，对扭矩和转角清零。

7. 点击扭转实验机“运行”按钮，开始对试件加载；注意观察实验现象。

8. 试件断开后，点击“生成报告”，记录实验数据。

9. 取下试件，观察断口形貌。

10. 关闭实验机电源开关，退出控制软件并关机。

五、实验数据记录

材料	实验前									
	直径 d_0/mm									最小截面平均直径/mm
	截面Ⅰ			截面Ⅱ			截面Ⅲ			
	（1）	（2）	平均	（1）	（2）	平均	（1）	（2）	平均	
低碳钢										
铸　铁										

（1）低碳钢

M_s = ________ N · m

M_b = ________ N · m

（2）铸　铁

M_b = ________ N · m

六、思考题

1. 低碳钢和铸铁扭转时变形和破坏情况有何不同？试分析其破坏原因。

2. 根据拉伸、压缩和扭转的实验结果，分析塑性材料（低碳钢）和脆性材料（铸铁）的力学性能。

3. 低碳钢在受扭转和受拉伸时的变形规律有何异同？铸铁在受扭转和受拉伸时的变形规律有何异同？

七、实验报告

1. 实验目的

2. 实验设备仪器

3. 实验步骤

4. 实验数据记录

5. 计算实验结果：

（1）低碳钢

$$W=\frac{\pi D^3}{16}$$

$M_s=$________ N·m

$M_b=$________ N·m

$\tau_s=\frac{3M_s}{4W_n}=$________ MPa

$\tau_b=\frac{3}{4}\frac{M_b}{W_n}=$________ MPa

（2）铸 铁

$$W=\frac{\pi D^3}{16}$$

$M_b=$________ N·m，

$\tau_b=\frac{M_b}{W_n}=$________ MPa

6. 绘制断口形貌。

7. 回答思考题。

§2－4* 电阻应变测量基本原理

电阻应变测量技术在科学研究和工程实践中得到了广泛的应用。可以对结构进行测试，包括航空、航天器、桥梁、道路、大坝和各种机械设备、建筑物等；适用的材料包括金属、木材、塑料、玻璃、石头、复合材料等。

电测法具有下列优点：

（1）测量灵敏度与精度高，其最小应变读数为 10^{-6}；

（2）频率响应好，可以测量从静态到数十万赫兹的动态应变；

（3）测量应变范围广，可在高（低）温、高速旋转、运动、高压液下等环境条件下进行测量。

电测法的主要缺点：

（1）测出的应变只能代表应变片栅长范围内的平均应变；

（2）应变片一般只能测构件应变，对结构内部的三维应力测量很难进行；

（3）尽管应变片尺寸小，但对应力集中的测量仍不够精确。

电阻应变测量由电阻应变片、电阻应变仪及记录器三部分组成，它的工作原理如下：将选好的应变片粘贴在被测的构件上，施加载荷，构件发生变形。此时电阻应变片的阻值发生相应的变化，通过电阻应变仪中的电桥，将此电阻值的变化转化为电压或电流的变化，并换算成应变值输出。如果是测量动态应变，把应变仪输出与应变成正比的电信号输入记录器显示。

一、电阻应变片

电阻应变片是将应变转换成电阻变化的敏感元件，它是由具有一定电阻值的金属丝或金属箔制成的敏感栅，如图 2－4－1 所示。

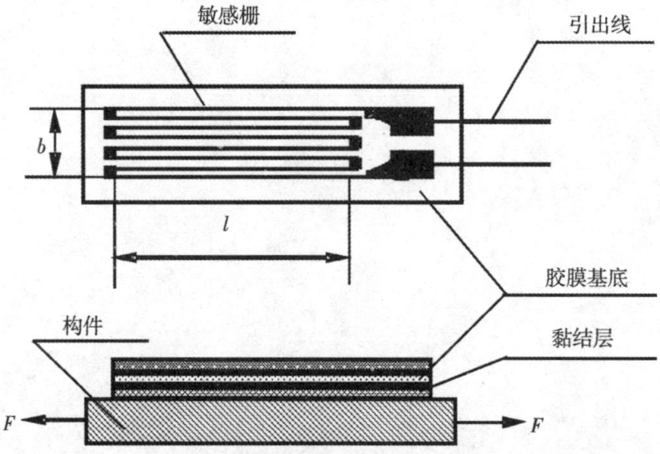

图 2－4－1

将应变片粘贴在构件的被测点上，当构件受载后产生变形时，应变片中敏感栅随之发生相同的变形，由于金属丝在伸长（或缩短）时，其电阻会发生相应的变化，因此，应变片将构件的应变转化为电阻值的变化，并且应变片的电阻变化率与应变成正比，即

$$\frac{\Delta R}{R}=K\varepsilon$$

式中，R——应变片的初始电阻值；

ΔR——应变片的电阻变化值；

ε——应变片的纵向应变值；

K——应变片的灵敏系数。

应变片的灵敏系数与敏感栅材料、加工工艺及所使用的黏结剂等因素有关，灵敏系数的数值由实验标定来确定。

二、电阻应变仪

在电阻应变仪中，一般是通过电桥将应变片的电阻变化转换为电压或电流的变化。图2－4－2所示为直流电桥，其桥臂由 R_1，R_2，R_3 和 R_4 四个电阻组成，A，C 两端为电源端，其电压值为 E。B，D 两端为输出端，其输出电压为 U。根据电路计算 U 与 E 及各桥臂电阻的关系为

$$U=\frac{R_1R_3-R_2R_4}{(R_1+R_2)(R_3+R_4)}E$$

若 $R_1R_3=R_2R_4$，则 $U=0$，电桥处于平衡状态。若使 $R_1=R_2=R_3=R_4$ 或 $R_1=R_2$ 且 $R_3=R_4$，则满足平衡条件。如各桥臂电阻分别产生一微小增量 ΔR_1，ΔR_2，ΔR_3，ΔR_4，则电桥输出电压为

$$U\approx\frac{E}{4}\left(\frac{\Delta R_1}{R_1}-\frac{\Delta R_2}{R_2}+\frac{\Delta R_3}{R_3}-\frac{\Delta R_4}{R_4}\right)$$

把 $\frac{\Delta R}{R}=K\varepsilon$ 代入上式，得

$$U=\frac{EK}{4}(\varepsilon_1-\varepsilon_2+\varepsilon_3-\varepsilon_4)$$

如果把贴在受力物体上的工作应变片作为桥臂 R_1，其他桥臂的电阻不变，当工作应变片产生应变 ε_1 时，则根据上式可得

$$U=\frac{E}{4}K\varepsilon_1$$

测出 U 值后，便可求出 ε_1 的大小。

此外，在测量环境温度发生变化时，由于敏感栅的电阻效应（即金属丝电阻随着温度变化的效应）及其与构件的线膨胀不同，均会使其电阻值发生变化，为测得构件的真实应变，必须消除这一影响。为此，取一片与工作应变片相同的应变片，粘贴在与构件材料相同但不受力的构件上，使它与构件处在相同的温度环境下，此应变片称为温度补偿片，接在 BC 臂上。这样，由于温度变化而产生的电阻变化就被消除了。

在应变测量时，应变片的电阻变化十分微小，因此，电桥输出电量很小，电阻应变仪的主要作用是将电量放大。

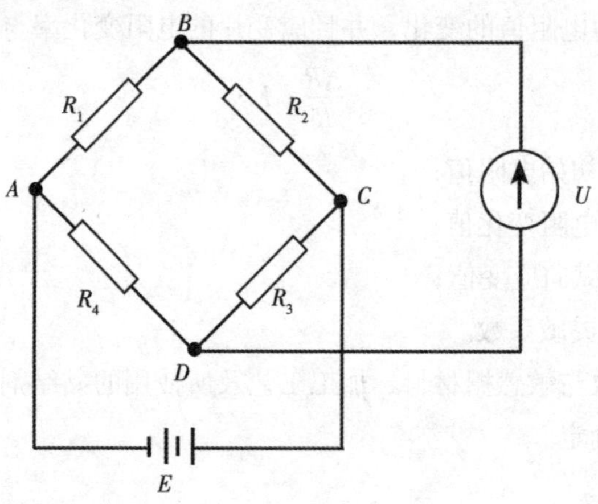

图 2-4-2

三、电阻应变片的粘贴步骤

1. 挑选应变片：用数字欧姆表测量各应变片的电阻值，选择电阻值差在 ±0.2Ω 内的电阻应变片，供粘贴用。

2. 清理表面：在测点处用“0”号砂纸 45°方向交叉打光，表面粗糙度不低于 $R_a12.5$，然后用丙酮或无水乙醇擦洗干净，并划线定位。

3. 涂胶粘贴。用准备好的 502 胶水在清洗后的表面涂上一薄层胶，在应变片的背面也涂上一层胶，待稍凝后，将应变片贴在划线部位；然后垫上塑料布，用指挤压，将多余的胶和气泡压出。

4. 根据选择的黏结剂确定应变片的固化条件和要求，一般选用室温可以固化的黏结剂，自然干燥时间为 15～24 小时。

5. 应变片焊接好后，应及时涂上防护层，防止大气中的水分或其他介质浸入。

6. 用兆欧表检查绝缘电阻，绝缘电阻需达到 $R=500\text{M}\Omega$ 以上。

四、思考题

1. 温度补偿块的材料为什么要与试件材料相同？

2. 简述电测法的基本原理。

3. 应变计测量的应变是下述三种情况的哪一种？（　　）

A. 栅长中心点处的应变

B. 栅长长度内的平均应变

C. 栅长两端点处的平均应变

§2－5 弹性模量 E 及泊松比 μ 的测定

一、实验目的

1. 了解等强度梁的设计思想；
2. 了解电测方法的基本原理及熟悉电阻应变仪的使用；
3. 电测方法测定弹簧钢的弹性模量 E 和泊松比 μ。

二、实验设备

等强度梁实验器、电阻应变仪。

三、实验原理

等强度梁是指在横力弯曲情况下，不同截面上的最大正应力相等的弯曲梁。等强度梁实验器如图 2－5－1 所示。梁的一端被固定在支架上，另一端自由并加力。在距离加力点为 L 处取一点 A，在 A 点沿纵向和横向粘贴两枚电阻应变片（粘贴方法见§2－4），接入电阻应变仪的电桥。测出受力后 A 点的纵向应变 ε_x 及横向应变 ε_y。A 点处于单向应力状态，其轴向正应力

$$\sigma_x = E\varepsilon_x = \frac{M}{W}$$

其中弯矩

$$M = \Delta F \cdot L$$

抗弯截面模量

$$W = \frac{bh^2}{6}$$

泊松比

$$\mu = \left|\frac{\varepsilon_y}{\varepsilon_x}\right|$$

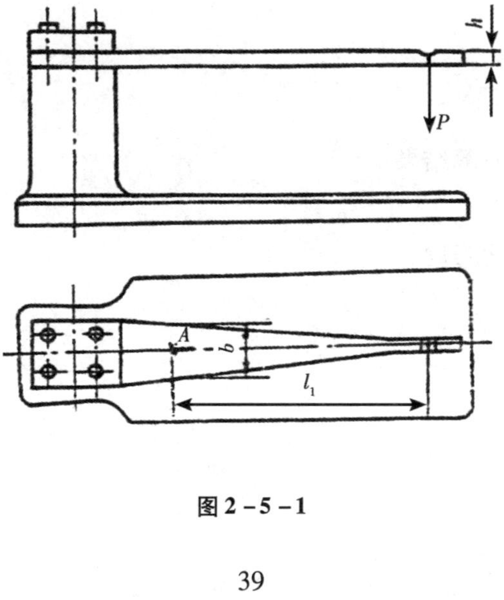

图 2－5－1

四、实验步骤

1. 电阻应变仪调平衡；
2. 实验采用分级加载，每级加载 2kg，共分四级加载；
3. 每级载荷下依次测量各点的应变值，直到加到最大载荷为止；
4. 实验结束后，卸下载荷，并将砝码摆放整齐。

五、实验数据记录

梁的尺寸：宽度 $b=$________ cm，梁高 $h=$________ cm，力臂 $L=$________ cm。

实验数据记录：

应变 ε（1×10^{-6}）

载荷 \ 应变测点	F/kg	0	2	4	6	8	$\overline{\Delta\varepsilon}$ 平均值
	ΔF/kg						
ε_x	读数 ε						
	$\Delta\varepsilon$						
ε_y	读数 ε						
	$\Delta\varepsilon$						

六、思考题

1. 如何设计梁的尺寸，才能保证梁是等强度梁？（用公式说明）
2. 测量材料的弹性模量和泊松比还有哪些方法？
3. 弹性模量的特点是（　　）。

   A. 当 ε 一定时，它随应力的增大而提高

   B. 材料的弹性模量与应力的大小无关

   C. 应力－应变曲线开始直线段的斜率越大，弹性模量越大

   D. 试样截面尺寸越大，弹性模量越大

七、实验报告要求

1. 实验目的
2. 实验设备
3. 实验步骤
4. 实验数据记录与计算结果

   $\mu=$________，$E=$________。
5. 回答本次实验的思考题。

§2－6　梁弯曲正应力测定

一、实验目的

1. 用电测法测定矩形截面梁纯弯曲时的正应力在横截面上的分布规律；
2. 验证弯曲正应力公式；
3. 实验结果与理论值进行比较，分析误差产生的原因；
4. 掌握电测法的多点测量技术。

二、实验设备

纯弯曲梁实验器、电阻应变仪。

三、实验原理

纯弯曲梁实验装置如图2－6－1所示，梁CD段为纯弯曲，其弯矩

$$M=\frac{Fa}{2}$$

由弯曲正应力公式可得横截面上各点的正应力

$$\sigma_i=\frac{My_i}{I_z}$$

式中，y_i——该点距中性层距离；

I_z——横截面对z轴的惯性矩，若横截面为矩形截面，则

$$I_z=\frac{bh^3}{12}$$

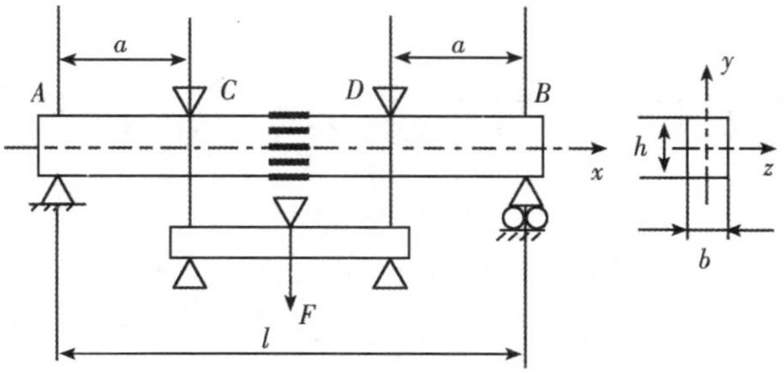

图2－6－1

在纯弯曲段，纵向纤维只发生长度变化而互不挤压，处于单向应力状态。根据胡克定律，各点的正应力σ和线应变ε成正比，即

$$\sigma=E\varepsilon$$

因此，可根据沿轴线方向粘贴的距中性轴不同高度（$y_{1;5}=\mp\frac{h}{2}$，$y_{2;4}=\mp\frac{h}{4}$，$y_3=0$）的应变片（见图2－6－2）所得的应变值确定弯曲正应力的分布，并验证弯曲正应力公式。

实验采取分级加载方法，每级增加载荷为ΔF，各测点应变值相应增加$\Delta\varepsilon_i$，可求得对

应的应力值。

$$\Delta\sigma = E \cdot \Delta\varepsilon$$

而理论值

$$\Delta\sigma_i = \frac{\Delta M y_i}{I_z}$$

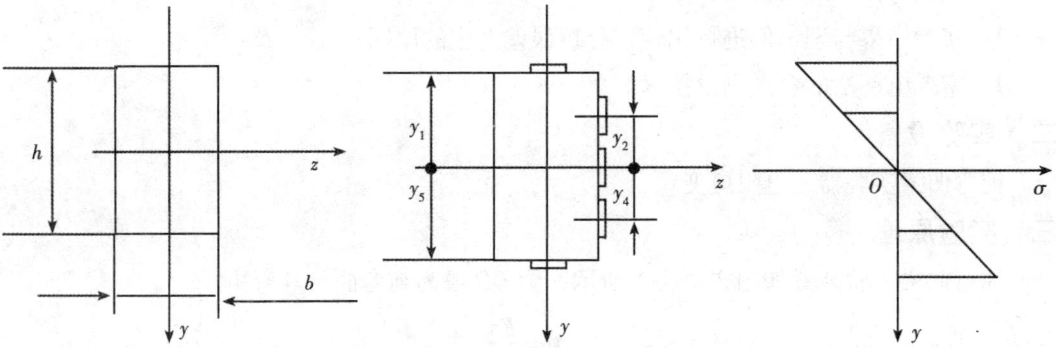

图 2－6－2

四、实验步骤

1. 电阻应变仪调平衡；
2. 顺时针缓慢转动手轮可实现加载。实验分四级加载，每级加载 10kg。
3. 每级载荷下依次记录各点应变值，再加下一级载荷，加到最大载荷为止。
4. 实验结束后，逆时针转动手轮，直到载荷为 0。

五、实验数据记录

实验数据记录：

应变 ε (1×10^{-6})

载荷 / 应变测点	F/kg	0	10	20	30	40	$\overline{\Delta\varepsilon}$ 各次平均值
	ΔF/kg						
1	读数 ε						
	$\Delta\varepsilon$						
2	读数 ε						
	$\Delta\varepsilon$						
3	读数 ε						
	$\Delta\varepsilon$						
4	读数 ε						
	$\Delta\varepsilon$						
5	读数 ε						
	$\Delta\varepsilon$						

六、思考题

1. 中性层在横截面上的什么位置？
2. 随着载荷逐级增加，应变是如何变化的？
3. 判断下列论述的正确性。

   A. 纯弯曲时，不论材料是否处于弹性范围，变形后横截面保持为平面。(　　)

   B. 纯弯曲时，变形后横截面保持为平面，且其形状、大小均保持不变。(　　)

   C. 纯弯曲时，梁变形后的轴线为一段圆弧线。(　　)

七、实验报告要求

1. 实验目的
2. 实验设备
3. 实验原理
4. 实验步骤
5. 实验数据记录与计算结果

(1) 梁的尺寸：宽度 $b=0.6\text{cm}$，梁高 $h=3\text{cm}$，跨度 $l=60\text{cm}$，弯矩 $a=20\text{cm}$；

测点距轴 z 距离：$y_1=-\frac{h}{2}=-1.5\text{cm}$，$y_2=-\frac{h}{4}=-0.75\text{cm}$，$y_3=0\text{cm}$，

$$y_4=\frac{h}{4}=0.75\text{cm},\ y_5=\frac{h}{2}=1.5\text{cm};$$

弹性模量：$E=210\text{GPa}$。

(2) 应力实验值：

(3) 应力理论值：

(4) 分别描绘应力实验值和理论值沿梁横截面高度的分布图。

6. 误差计算与分析。
7. 回答本次实验的思考题。

§2-7 复合梁实验

一、实验目的

1. 用电测法测定矩形截面复合梁在纯弯曲时的正应力在横截面上的分布规律；
2. 总结出影响复合梁承载能力的因素；
3. 实验值与理论值进行比较，分析误差产生的原因；

二、实验设备

复合梁实验器、电阻应变仪。

复合梁的复合形式：

（1）钢-铝-钢；（2）钢-钢-铝；（3）铝-钢-铝；（4）铝-铝-钢。

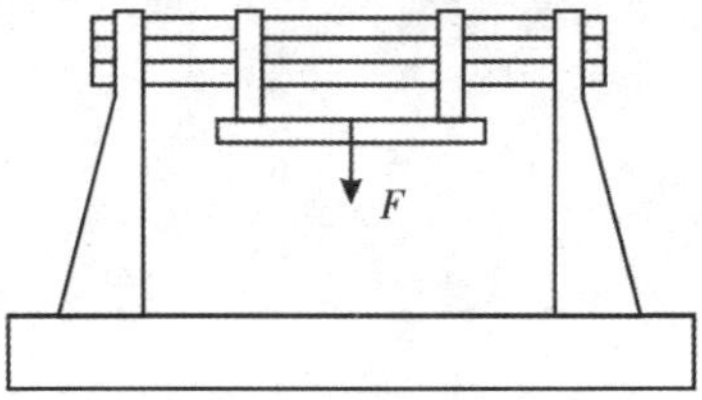

图 2-7-1

三、实验原理

由于复合梁的各层之间紧密连接而无滑动，所以可视为一个整体。梁弯曲时的平面假设仍可使用。由此可得出正应变 ε 沿梁高度方向按照同一斜率呈线性变化（见图 2-7-2(b)）。但由于各层材料弹性模量不同，正应力 σ 沿梁的高度方向以不同斜率呈阶梯分布（见图 2-7-2（c））。此时梁的正应力可以用相当截面法计算。相当截面即是将由不同材料组成的截面按照公式（2-7-1）计算，有

$$b_2 = \frac{E_2}{E_1} b_1 \tag{2-7-1}$$

折算为图 2-7-2（d）所示相当截面（以钢—铝—钢为例）。其中，b_2 为折算后的宽度，E_1 为第一种材料的弹性模量，E_2 为第二种材料的弹性模量，b_1 为第一种材料的实际宽度。再按照弯曲正应力公式计算相当截面正应力 σ'。对于第一种材料计算应力即为实际应力，对于第二种材料将计算应力乘以$\frac{E_2}{E_1}$后为其实际应力。

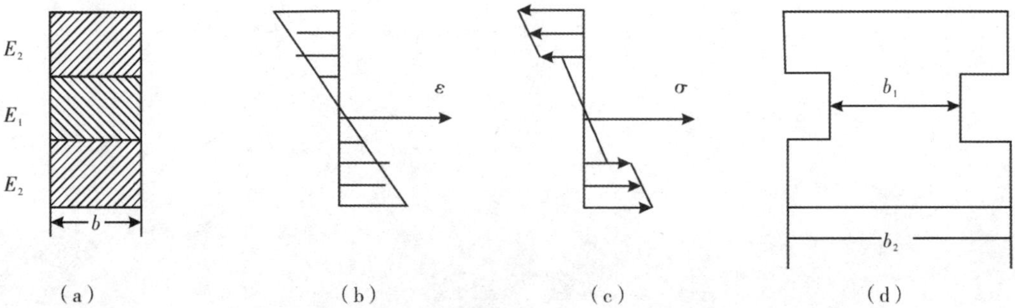

图 2-7-2

四、实验步骤

1. 电阻应变仪调平衡；

2. 实验分四级加载，根据梁截面的组合形式，每级加载 2kg 或 5kg，注意加载时要平稳；

3. 每级载荷下依次记录各点的应变值，再加下一级载荷，加到最大载荷为止；

4. 实验结束后，把砝码放回原处摆放整齐。

五、实验数据记录

应变 ε（1×10^{-6}）

<table>
<tr><td rowspan="2">载荷
应变
测点</td><td>F/kg</td><td colspan="4"></td><td colspan="4"></td><td colspan="4"></td><td colspan="4"></td><td colspan="4"></td><td rowspan="2">$\overline{\Delta\varepsilon}$平均值</td></tr>
<tr><td>ΔF/kg</td><td colspan="5"></td><td colspan="5"></td><td colspan="5"></td><td colspan="5"></td></tr>
<tr><td rowspan="2">1</td><td>读数 ε</td><td colspan="4"></td><td colspan="4"></td><td colspan="4"></td><td colspan="4"></td><td colspan="4"></td><td rowspan="2"></td></tr>
<tr><td>$\Delta\varepsilon$</td><td colspan="5"></td><td colspan="5"></td><td colspan="5"></td><td colspan="5"></td></tr>
<tr><td rowspan="2">2</td><td>读数 ε</td><td colspan="4"></td><td colspan="4"></td><td colspan="4"></td><td colspan="4"></td><td colspan="4"></td><td rowspan="2"></td></tr>
<tr><td>$\Delta\varepsilon$</td><td colspan="5"></td><td colspan="5"></td><td colspan="5"></td><td colspan="5"></td></tr>
<tr><td rowspan="2">3</td><td>读数 ε</td><td colspan="4"></td><td colspan="4"></td><td colspan="4"></td><td colspan="4"></td><td colspan="4"></td><td rowspan="2"></td></tr>
<tr><td>$\Delta\varepsilon$</td><td colspan="5"></td><td colspan="5"></td><td colspan="5"></td><td colspan="5"></td></tr>
<tr><td rowspan="2">4</td><td>读数 ε</td><td colspan="4"></td><td colspan="4"></td><td colspan="4"></td><td colspan="4"></td><td colspan="4"></td><td rowspan="2"></td></tr>
<tr><td>$\Delta\varepsilon$</td><td colspan="5"></td><td colspan="5"></td><td colspan="5"></td><td colspan="5"></td></tr>
<tr><td rowspan="2">5</td><td>读数 ε</td><td colspan="4"></td><td colspan="4"></td><td colspan="4"></td><td colspan="4"></td><td colspan="4"></td><td rowspan="2"></td></tr>
<tr><td>$\Delta\varepsilon$</td><td colspan="5"></td><td colspan="5"></td><td colspan="5"></td><td colspan="5"></td></tr>
</table>

六、思考题

1. 四种梁中性轴是否都通过横截面形心？

2. 在梁弯曲理论中，梁正应力只与弯矩和截面尺寸有关，复合梁是否也一样？

3. 讨论复合梁的承载能力与哪些因素有关。

七、实验报告要求

1. 实验目的

2. 实验设备

3. 实验步骤

4. 实验数据记录计算结果：

（1）梁的尺寸：宽度 $b=1.3\text{cm}$，梁高 $h=3\times0.5\text{cm}$，弯矩 $a=6\text{cm}$，宽度 $b=1.3\text{cm}$；

（2）测点距轴 z 距离：$y_1=-0.75\text{cm}$，$y_2=-0.5\text{cm}$，$y_3=0\text{cm}$，$y_4=0.5\text{cm}$，$y_5=0.75\text{cm}$；

（3）弹性模量：$E_{钢}=207\text{GPa}$，$E_{铝}=69\text{GPa}$。

（4）实验数据记录：

（5）应力实验值：

（6）应力理论值：

5. 误差计算与分析。

6. 回答本次实验的思考题。

注意：实验值、理论值的计算要写出公式及主要计算步骤，画出相当截面并标注尺寸。

§2－8　薄壁圆筒在弯扭组合变形下的应力测定

一、实验目的

1. 用电测法测定平面应力状态下主应力的大小和方向；
2. 了解应变花的应用，进一步熟悉电阻应变仪的操作。

二、实验设备

弯扭组合实验器、电阻应变仪。

三、实验原理

实验器的薄壁圆筒的一端被固定于支架上，另一端加一个力臂，臂的自由端上悬挂砝码 F，如图 2－8－1 所示。圆筒同时承受弯曲和扭转组合变形。加力点到圆筒中心的距离为 a，测点 A 到薄壁圆筒的距离为 L，A 点处于平面应力状态。根据理论分析，A 点的弯曲正应力

$$\sigma_x = \frac{Fl}{W}$$

式中，抗弯截面模量

$$W = \frac{\pi D^3}{32}\left[1 - \left(\frac{d}{D}\right)^4\right]$$

A 点的扭转剪应力

$$\tau_{xy} = \frac{Fa}{W_n}$$

式中，抗扭截面模量

$$W_n = 2W$$

A 点主应力大小

$$\sigma_{1,3} = \frac{1}{2}\left(\sigma_x \pm \sqrt{\sigma_x^2 + 4\tau_{xy}^2}\right)$$

主方向

$$\tan 2\alpha_0 = -\frac{2\tau_{xy}}{\sigma_x}$$

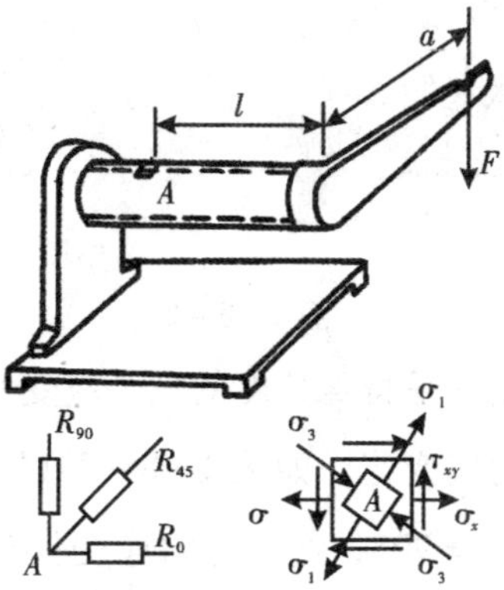

图 2－8－1

为了用实验的方法测定薄壁圆筒弯曲和扭转时表面上一点处的主应力大小和方向，首先要在该点处测量三个方向应变，以确定该点的主应变 ε_1，ε_3 的大小和方向；然后利用广义胡克定律，算得主应力 σ_1，σ_3 的大小和方向。根据应变分析原理，要确定一点处的主应变，需要知道该点处沿 x，y 两相互垂直方向的应变分量 ε_x，ε_y 及剪应变。由于在实验中测量剪应变很困难，而用应变片测量线应变比较简便，所以，通常采用测量一点处沿与轴呈三个不同方向且已知夹角的线应变 ε_a，ε_b，ε_c，如图 2－8－2（a）所示，按照下列方程组联立求得 ε_x. ε_y，ε_{xy}。

$$\varepsilon_a = \frac{\varepsilon_x + \varepsilon_y}{2} + \frac{\varepsilon_x - \varepsilon_y}{2}\cos 2\alpha_a - \frac{\gamma_{xy}}{2}\sin 2\alpha_a$$

$$\varepsilon_b = \frac{\varepsilon_x + \varepsilon_y}{2} + \frac{\varepsilon_x - \varepsilon_y}{2}\cos 2\alpha_b - \frac{\gamma_{xy}}{2}\sin 2\alpha_b$$

$$\varepsilon_c = \frac{\varepsilon_x + \varepsilon_y}{2} + \frac{\varepsilon_x - \varepsilon_y}{2}\cos 2\alpha_c - \frac{\gamma_{xy}}{2}\sin 2\alpha_c$$

再用下式计算主应变 ε_1，ε_3 的大小和方向

$$\varepsilon_{1,3} = \frac{\varepsilon_x + \varepsilon_y}{2} \pm \sqrt{\left(\frac{\varepsilon_x - \varepsilon_y}{2}\right)^2 + \left(\frac{\gamma_{xy}}{2}\right)^2}$$

$$\tan 2\alpha = -\frac{\gamma_{xy}}{\varepsilon_x - \varepsilon_y}$$

最后利用如下广义胡克定律算得主应力

$$\sigma_1 = \frac{E}{1-\mu^2}(\varepsilon_1 + \mu\varepsilon_3)$$

$$\sigma_3 = \frac{E}{1-\mu^2}(\varepsilon_3 + \mu\varepsilon_1)$$

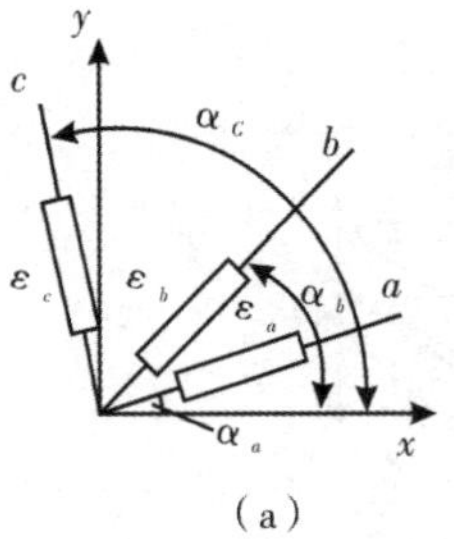

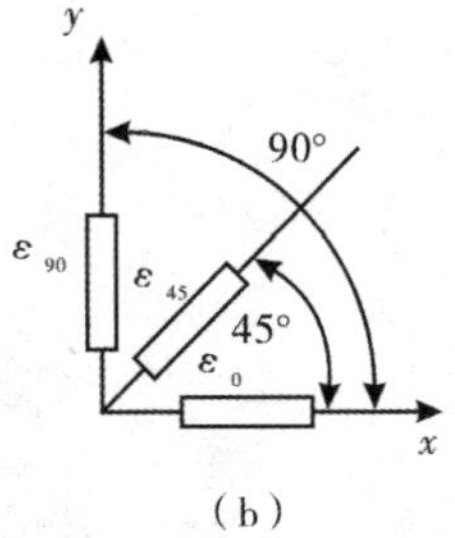

图 2－8－2

为了简化计算，实际上采用互呈特殊角度的三个应变片组成的应变花，如在本实验中采用的与 x 轴呈 0°，45°，90°的应变花，如图 2－8－2（b），粘贴在测点 A 处（图 2－8－1）。此时，$\alpha_a = 0°$，$\alpha_b = 45°$，$\alpha_c = 90°$，通过电阻应变仪分别测得沿此三个方向的线应变 ε_0，ε_{45}，ε_{90}，由上述方程组求得

$$\varepsilon_x = \varepsilon_0,\ \varepsilon_y = \varepsilon_{90},\ \gamma_{xy} = \varepsilon_0 + \varepsilon_{90} - 2\varepsilon_{45}$$

并由此可求出主应变及主应力。主应力的大小

$$\sigma_{1,3} = \frac{E}{2\ (1-\mu)}\ (\varepsilon_0 + \varepsilon_{90})\ \pm \frac{\sqrt{2}E}{2+\ (1+\mu)} \sqrt{(\varepsilon_0 - \varepsilon_{45})^2 +\ (\varepsilon_{45} - \varepsilon_{90})^2}$$

主方向

$$\tan 2\alpha = \frac{2\varepsilon_{45} - \varepsilon_0 - \varepsilon_{90}}{\varepsilon_0 - \varepsilon_{90}}$$

四、实验步骤

1. 记录实验器薄壁圆筒的内、外径尺寸 d 及 D、臂长 a、距离 l。
2. 应变仪调平衡。
3. 实验采用分级加载，每级载荷 $\Delta F = 5\text{kg}$，分四级加载，注意加载时要平稳。
4. 测量各点的应变值，并填入原始记录中。
5. 实验结束后，取下砝码并摆放整齐。

五、实验数据与记录

实验器尺寸：$D =$ ________ cm，$d =$ ________ cm，$a =$ ________ cm，$L =$ ________ cm。

实验记录　　　　应变值 ε (1×10^{-6})

载荷 / 应变 / 测点	F/kg	0	5	10	15	20	$\overline{\Delta\varepsilon}$各次平均值
	ΔF/kg						
ε_0	读数 ε						
	$\Delta\varepsilon$						
ε_{45}	读数 ε						
	$\Delta\varepsilon$						
ε_{90}	读数 ε						
	$\Delta\varepsilon$						

六、思考题

1. 测点的位置能否靠近固定端？为什么？
2. 考虑横力弯曲对剪应力的影响，本实验薄壁筒截面哪一点的剪应力最大？为什么？

3. 在组合变形问题中可以用叠加原理，这是因为在小变形条件下，应力与载荷之间为（　　）关系；而各基本变形之间是（　　）。

七、实验报告要求

实验名称：

专业　班级　姓名　实验日期

1. 实验目的

2. 实验设备

3. 实验步骤

实验数据记录与结果

（1）根据实验数据 $\Delta\varepsilon$ 计算出

$\sigma_1 =$ ________ MPa，$\sigma_3 =$ ________ MPa，$\alpha =$ ________。

已知材料 $E = 104\text{GPa}$，$\mu = 0.33$。

（2）计算出 σ_1，σ_3 和 α 的理论值。

4. 计算实验误差，分析误差原因。

5. 回答本次实验的思考题。

注意：计算理论值、实验值时要写出主要公式。

§2-9　静定和静不定组合变形梁实验

一、实验目的

1. 把实际结构简化为理想的力学模型，然后根据力学模型进行力学分析并求解；

2. 通过实验培养学生会用掌握的理论知识分析和解决实际问题，即理论与实践相结合的能力；

3. 用电测法测定平面应力状态下主应力的大小和方向；

4. 了解应变花的应用，进一步熟悉电阻应变仪的操作。

二、实验设备

电阻应变仪、组合变形空间杆实验器，如图2-9-1所示。

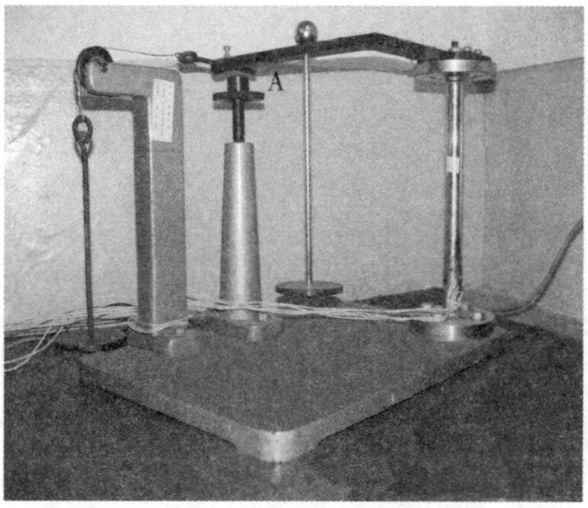

图2-9-1　组合变形空间杆实验器

三、实验原理

该实验器可施加水平方向和垂直方向的载荷，测试点处于平面应力状态。静不定部分是在静定的基础上，在自由端A处（见图2-9-1）加一个支撑，变成静不定结构（调整支撑的高度，接触到构件）。在三种不同的加载情况下（如下所述），测量测点的应变，进而可以计算出该点主应力的大小和方向。

加载情况：

①水平载荷单独作用；

②垂直载荷单独作用；

③水平载荷和垂直载荷共同作用。

在静定和静不定情况下，结合学过的理论知识，分别求出不同加载情况下危险点的位置和大小。用实验的方法测定测点处主应力的大小和方向。首先要在该点处测量三个方向应变，以确定该点的主应变ε_1，ε_3的大小和方向；然后利用广义胡克定律，算得主应力σ_1，σ_3的大小和方向。根据应变分析原理，要确定一点处的主应变，需要知道该点处沿

x，y 两相互垂直方向的应变分量 ε_x，ε_y 及切应变 γ_{xy}。由于在实验中测量切应变很困难，而用应变片测量线应变比较简便，所以，通常采用测量一点处沿与轴呈三个不同方向且已知夹角的线应变 ε_a，ε_b，ε_c，按照下列方程组联立求得 ε_x，ε_y，γ_{xy}。

$$\varepsilon_a = \frac{\varepsilon_x + \varepsilon_y}{2} + \frac{\varepsilon_x - \varepsilon_y}{2}\cos 2\alpha_a - \frac{\gamma_{xy}}{2}\sin 2\alpha_a$$

$$\varepsilon_b = \frac{\varepsilon_x + \varepsilon_y}{2} + \frac{\varepsilon_x - \varepsilon_y}{2}\cos 2\alpha_b - \frac{\gamma_{xy}}{2}\sin 2\alpha_b$$

$$\varepsilon_c = \frac{\varepsilon_x + \varepsilon_y}{2} + \frac{\varepsilon_x - \varepsilon_y}{2}\cos 2\alpha_c - \frac{\gamma_{xy}}{2}\sin 2\alpha_c$$

再用下式计算主应变 ε_1，ε_3 的大小和方向

$$\varepsilon_{1,3} = \frac{\varepsilon_x + \varepsilon_y}{2} \pm \sqrt{\left(\frac{\varepsilon_x - \varepsilon_y}{2}\right)^2 + \left(\frac{\gamma_{xy}}{2}\right)^2}$$

$$\tan 2\alpha = -\frac{\gamma_{xy}}{\varepsilon_x - \varepsilon_y}$$

最后利用广义胡克定律算得主应力

$$\sigma_1 = \frac{E}{1-\mu^2}(\varepsilon_1 + \mu\varepsilon_3)$$

$$\sigma_3 = \frac{E}{1-\mu^2}(\varepsilon_3 + \mu\varepsilon_1)$$

为了简化计算，实际上采用互呈特殊角度的三个应变片组成的应变花，如在本实验中采用的与 x 轴呈0°，45°，90°的应变花，粘贴在测点处。此时 $\alpha_a = 0°$，$\alpha_b = 45°$，$\alpha_c = 90°$，通过电阻应变仪分别测得沿此三个方向的线应变 ε_0，ε_{45}，ε_{90}，由上述方程组求得

$$\varepsilon_x = \varepsilon_0,\ \varepsilon_y = \varepsilon_{90},\ \gamma_{xy} = \varepsilon_0 + \varepsilon_{90} - 2\varepsilon_{45}$$

并由此可求出主应变及主应力。主应力的大小

$$\sigma_{1,3} = \frac{E}{2(1-\mu)}(\varepsilon_0 + \varepsilon_{90}) \pm \frac{\sqrt{2}E}{2(1+\mu)}\sqrt{(\varepsilon_0 - \varepsilon_{45})^2 + (\varepsilon_{45} - \varepsilon_{90})^2}$$

主方向

$$\tan 2\alpha = \frac{2\varepsilon_{45} - \varepsilon_0 - \varepsilon_{90}}{\varepsilon_0 - \varepsilon_{90}}$$

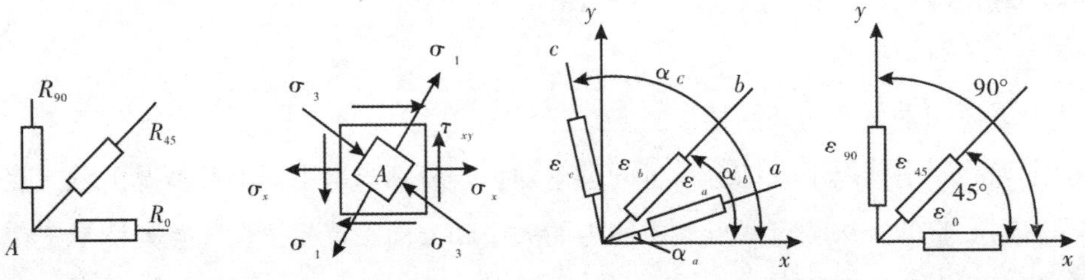

(a)　　　　　　　　　　　　　　(b)

图2-9-2

四、实验步骤

1. 记录实验器的尺寸；

2. 在静定和静不定两种情况下，分别测量：①水平载荷单独作用；②垂直载荷单独作用；③水平载荷和垂直载荷共同作用测点各方向应变的大小；实验分四级加载，每级载荷 $\Delta F = 5\text{kg}$，注意加载时要平稳。

3. 测量各应变值，并填入原始记录中。

4. 实验结束后，取下砝码，并摆放整齐。

五、实验数据记录

1. 实验器尺寸记录

2. 在以下几种情况下的记录应变

静定情况下：

（1）水平载荷单独作用

实验记录

应变值 ε（1×10^{-6}）

载荷 应变	F/kg	0	5	10	15	20	$\overline{\Delta\varepsilon}$平均值
	ΔF/kg						
ε_0	读数 ε						
	$\Delta\varepsilon$						
ε_{45}	读数 ε						
	$\Delta\varepsilon$						
ε_{90}	读数 ε						
	$\Delta\varepsilon$						

（2）垂直载荷单独作用

实验记录

应变值 ε（1×10^{-6}）

应变 \ 载荷							
	F/kg	0	5	10	15	20	$\overline{\Delta\varepsilon}$平均值
	ΔF/kg						
ε_0	读数 ε						
	$\Delta\varepsilon$						
ε_{45}	读数 ε						
	$\Delta\varepsilon$						
ε_{90}	读数 ε						
	$\Delta\varepsilon$						

（3）水平载荷和垂直载荷共同作用

实验记录

应变值 ε（1×10^{-6}）

测点 \ 载荷							
	F/kg	0	5 + 5	10 + 10	15 + 15	20 + 20	$\overline{\Delta\varepsilon}$平均值
	ΔF/kg						
ε_0	读数 ε						
	$\Delta\varepsilon$						
ε_{45}	读数 ε						
	$\Delta\varepsilon$						
ε_{90}	读数 ε						
	$\Delta\varepsilon$						

静不定情况下：

（1）水平载荷单独作用

实验记录

应变值 ε（1×10^{-6}）

载荷 / 应变	F/kg	0	5	10	15	20	$\overline{\Delta\varepsilon}$平均值
	ΔF/kg						
ε_0	读数 ε						
	$\Delta\varepsilon$						
ε_{45}	读数 ε						
	$\Delta\varepsilon$						
ε_{90}	读数 ε						
	$\Delta\varepsilon$						

（2）垂直载荷单独作用

实验记录

应变值 ε（1×10^{-6}）

载荷 / 应变	F/kg	0	5	10	15	20	$\overline{\Delta\varepsilon}$平均值
	ΔF/kg						
ε_0	读数 ε						
	$\Delta\varepsilon$						
ε_{45}	读数 ε						
	$\Delta\varepsilon$						
ε_{90}	读数 ε						
	$\Delta\varepsilon$						

(3) 水平载荷和垂直载荷共同作用

实验记录　　　　应变值 ε (1×10^{-6})

测点＼载荷	F/kg	0	5+5	10+10	15+15	20+20	$\overline{\Delta\varepsilon}$平均值
	ΔF/kg						
ε_0	读数 ε						
	$\Delta\varepsilon$						
ε_{45}	读数 ε						
	$\Delta\varepsilon$						
ε_{90}	读数 ε						
	$\Delta\varepsilon$						

六、思考题

1. 实验中都包含哪些基本变形?
2. 压应力是否可以不计，为什么?
3. 支撑反力是否可以由实验求出?

七、实验报告要求

实验名称:

专业　　班级　　姓名　　同作者　　实验日期

1. 实验目的
2. 实验设备
3. 实验步骤
4. 实验数据记录与计算结果

(1) 实验器相关尺寸：宽度 $b=$ ________ cm，高 $h=$ ________ cm，

弯矩 $L=$ ________ cm。

(2) 实验记录:

静定、静不定情况下测点应变测量值:

●水平载荷单独作用；

●垂直载荷单独作用；

●水平载荷和垂直载荷共同作用。

（3）求出测点处的主应力的大小和方向的实验值。

（4）计算出该截面危险点处的主应力的大小和方向的理论值。

5. 回答本次实验的思考题

注意：实验值、理论值的计算要写出公式及主要计算步骤。

§2－10　薄壁开口梁弯曲中心测定

一、实验目的

1. 用实验方法确定薄壁开口横截面的弯曲中心；
2. 计算弯曲中心理论值；
3. 培养学生将理论知识与实际操作相结合的能力。

二、实验设备

薄壁开口横截面的弯曲中心实验器、游标卡尺。

三、实验原理

弯曲中心实验器如图2－10－1（a）所示，主要由悬臂梁和底座等组成。梁的前端有可移动的挂钩及悬吊，梁的横截面为槽形，其尺寸如图2－10－1（b）所示。

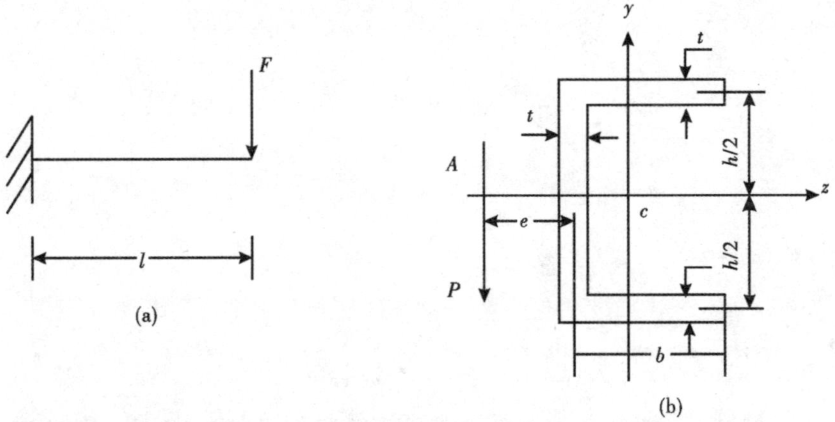

图2－10－1

当梁的横截面没有纵向对称轴时，在载荷 P 的作用下，梁将发生弯曲和扭转两种变形；即便载荷 P 的作用线通过形心主惯性轴时，也是如此。只有当载荷 P 作用线通过截面的某一特定点时，梁只发生弯曲变形而没有扭转变形。横截面的这一特定点称为弯曲中心。

图2－10－1中，c 点横截面形似形心，y 轴和 z 轴为横截面的形心主惯性轴，A 点是弯曲中心。

槽形截面对中性轴 z 的惯性矩

$$I_z \approx \frac{bth^2}{2} + \frac{th^3}{12}$$

弯曲中心与腹板中心线的距离

$$e = \frac{b^2h^2t}{4I_z}$$

实验过程中采用适宜的实验方案和测量方法来测定弯曲中心的位置，并确定 e 的实测值。

四、实验步骤

1. 首先了解实验器的结构原理。
2. 确定合适的实验方案。
3. 通过实验方法测定弯曲中心的位置，画图表示测量过程，标出尺寸的大小。
4. 用尺寸链给出 e 的测量和计算过程，确定其大小。
5. 取下砝码，并摆放整齐，结束实验。

五、实验数据记录

梁截面尺寸：$t=1\text{mm}$，$b=21.5\text{mm}$，$h=21.5\text{mm}$。

六、思考题

1. 如何确定弯曲中心？
2. 试确定图 2－10－2 所示各截面形状梁的弯曲中心（C 为截面形心）。

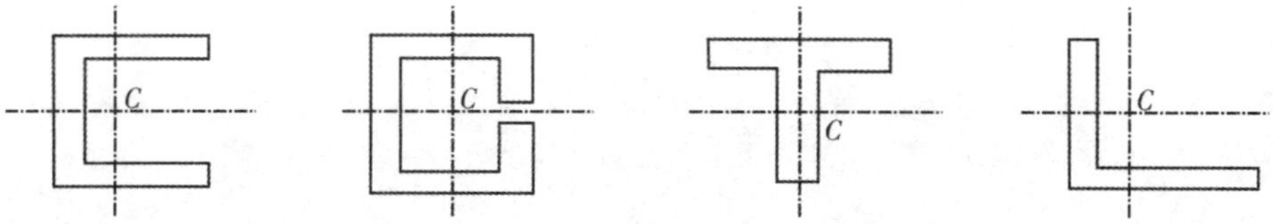

图 2－10－2

3. 槽形截面悬臂梁加载如图 2－10－3 所示，图中 C 为形心，O 为弯曲中心，自由端截面的位移是什么情况？

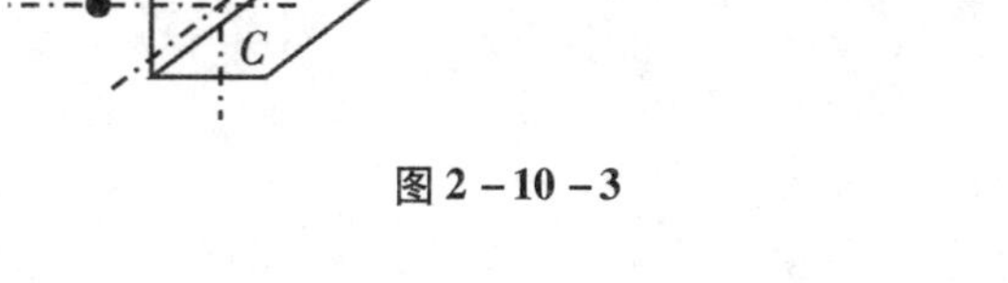

图 2－10－3

七、实验报告要求

1. 实验目的
2. 实验设备
3. 实验步骤

4. 实验数据记录与计算结果：

5. 给出弯曲中心 e 的实测值（注：画图表示测量过程，标出尺寸的大小，给出尺寸链），并计算弯曲中心 e 的理论值；

6. 计算误差并分析产生误差的原因。

7. 回答本次实验的思考题。

§2-11　功的互等定理实验

一、实验目的

1. 用实验方法验证功的互等定理；
2. 通过实验更深入地理解功的互等定理；
3. 培养独立思考及分析和解决问题的能力。

二、实验设备

互等定理实验器、百分表、磁力架、游标卡尺。

三、实验原理

互等定理实验器的装置简图如图 2-11-1 所示。

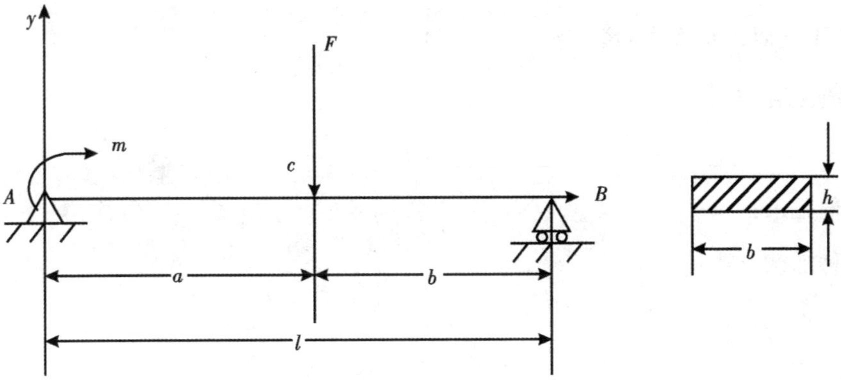

图 2-11-1

在梁的 c 点加集中力 P，则梁的挠曲线方程和 A 点的转角方程分别为

$$y=\frac{Fbx}{6EIl}(l^2-x^2-b^2)\qquad 0\leqslant x\leqslant l$$

$$y=-\frac{Fb}{6EIl}\left[\frac{l}{b}(x-a)^3+(l^2-b^2)x-x^3\right]\qquad \alpha\leqslant x\leqslant l$$

$$Q_A=-\frac{Fab(l+b)}{6EIl}$$

在梁的 A 点加集中力偶 m 时，梁的挠曲线方程为

$$y=-\frac{mx}{6EIl}(l-x)(2l-x)$$

从而可以确定梁上任一点的位移及 A 点转角。

式中，E 为弹性模量，梁的材料弹簧钢取 $E=210\text{GPa}$，I 为横截面对中性轴的惯性矩。

对于矩形截面，有

$$I=\frac{bh^3}{12}$$

功的互等定理为

$$F_1\delta'_1=F_2\delta'_2$$

式中 F_1，F_2——广义力；

δ'_1，δ'_2——广义位移，δ'_1 是 F_2 作用时在 F_1 作用点 F_1 方向上的位移，δ'_2 是 F_1 作用时在 F_2 作用点 F_2 方向上的位移。

四、实验步骤

1. 了解互等定理实验器的结构；
2. 确定适宜的实验方案，采用两种加载方式并进行相应的测量。
3. 分别用两个简图（如图 2-11-1 所示）来记录加载方式和测量结果。
4. 取下砝码，整理实验装置。

五、实验数据记录

尺寸：$b=$________ mm，$h=$________ mm。

实验值记录：

第一种加载方式：

第二种加载方式：

六、思考题

1. 叙述功的互等定理和位移互等定理。
2. 简支梁上作用两个数值相等的力、力偶，试利用位移互等定理写出它们引起梁上哪点、什么变形相等?

七、实验报告要求

1. 实验目的
2. 实验设备
3. 实验原理
4. 实验步骤
5. 实验数据记录与计算结果：

（1）梁的尺寸及材料常数。

（2）第一种加载方式（记录测量结果并画图表示）。

（3）第二种加载方式（记录测量结果并画图表示）。

（4）计算实验值、理论值。

6. 误差计算与分析。

7. 回答本次实验的思考题。

§2－12　压杆稳定实验

构件由于失稳而破坏往往是突然发生的，并且能产生灾难性的后果，因此，对压杆的稳定性应有足够的认识。横截面和材料都相同而长度不同的受压杆件抵抗外力的能力性质会完全不同。短粗的压杆是强度问题，而细长压杆则是稳定问题。细长压杆的承载能力远低于短粗压杆。

一、实验目的

1. 学习用实验方法测定临界压力；
2. 观察不同约束情况下的失稳现象；
3. 将实测的临界压力与理论结果进行比较。

二、实验设备及仪器

1. 压杆稳定实验器（见图2－12－1）。
2. 计算机，压杆试件，材料：弹簧钢 $E=206\mathrm{GPa}$，$\sigma_s=600\mathrm{MPa}$。

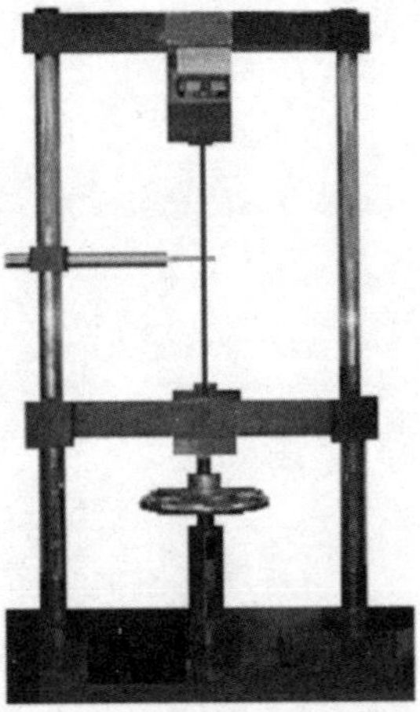

图2－12－1

三、实验原理

若压杆的轴线是理想直线，则压力作用线与轴线重合，材料是均匀的。通过理论分析可以得到细长杆（$\lambda \geqslant \lambda_1$）的临界压力

$$F_{cr}=\frac{\pi^2 EI}{(\mu l)^2}$$

若以横坐标表示中点的挠度 δ，纵坐标表示 F（如图2－12－2所示），则当 $F<F_{cr}$时，

杆的直线平衡是稳定的，$\delta=0$，F 与 δ 的关系为垂直的直线 OA；当 F 达到 F_{cr}时，直线平衡变为不稳定的。过渡为曲线平衡后，F 与 δ 的关系为水平直线 AB。实际上压杆难免有初弯曲、压力偏心、材料不均匀等情况，实际 $F-\delta$ 曲线为 OF。受力开始时即出现挠度 δ，随着载荷的增加，挠度 δ 开始时增加较慢，载荷越接近临界压力 F_{cr}，δ 增加得越快。实际曲线的水平渐近线代表压杆的临界载荷。

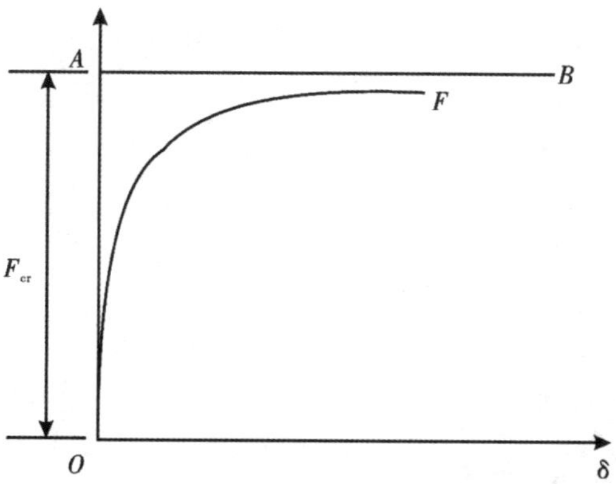

图 2-12-2

为保证试件失稳后不会由于弯曲过度而发生塑性变形，实验前，应根据欧拉公式估算实验的最大许可载荷 F_{max}。并根据下式计算弹性范围允许的最大中点挠度 δ_{max}。

$$\sigma_{max}=\frac{F}{A}+\frac{F_{cr}\times\delta_{max}}{W}\leqslant\sigma_{P}$$

四、实验步骤

实验时，首先调整实验装置中的上、下约束支座，尽量消除初弯曲、偏心等影响实验精度的因素。为防止试件发生塑性变形，注意中点挠度的大小，绝不要超过前面估算的 δ_{max}。

五、实验数据记录

试件尺寸：$h=$________ mm，$b=$________ mm，$l=$________ mm。

两端铰支临界载荷：________ N；

一端固定一端铰支临界载荷：________ N；

两端固定临界载荷：________ N。

六、思考题

1. λ 是什么参量？取决于哪些因素？
2. 分析理论值与实验值出现差别的原因，怎样才能使差别减小？
3. 在不同的支撑约束条件下，压杆弯曲形状有什么不同？与临界载荷有什么关系？

七、实验报告要求

实验报告一般应包含以下几个部分：实验目的、实验设备、实验过程的描述、实验结果的整理、该实验结论。具体形式内容由学生自己确定。（注：实验值、理论值的计算要写出公式及主要计算步骤）回答思考题。

§2－13 动荷框架实验

现代工程结构对构件的要求越来越高，结构的设计也从过去的静态设计准则上升到动态设计准则。所谓动态设计准则，就是要求设计时考虑载荷的变化产生的动应力。如美国的联合国大厦属于高层框架结构，在阵风中极易产生震动，因此，必须使大楼的固有频率远离阵风频率，同时采取必要的减震措施。本实验是综合性很强的试验，可使学生对工程中的框架结构的震动性质有初步的了解，使学生毕业后具有结构动态设计的基本概念。

一、实验目的

1. 建立结构在振动状态下的形态概念；
2. 结构的改变对应力的影响。

二、实验设备及仪器

动荷框架实验器（如图2－13－1所示）、激振器、功率放大器、信号发生器、电阻应变仪、计算机。

图2－13－1

三、实验原理

采用离散方法，框架结构的动应力微分方程为

$$[M]\{X\}+[K]\{X\}=\{H\sin\omega t\}$$

解齐次方程

$$[M]\{X\}+[K]\{X\}=\{\delta\}$$

解出若干主要固有频率 ω_n 和对应于该固有频率的特征矢量$[\phi]_n$，$[\phi]_n$ 称为振型，就是对应某个固有频率发生共振时的形态。当激振频率 $\omega\cdots—\omega_n$ 时发生共振，框架有较大的位移，由此位移可求出应变和应力。

四、实验步骤

首先将激振器的频率由低到高缓慢增加，寻找共振点。在共振点附近仔细反复细调频率，使观察到的振幅和动应力达到最大，此时是框架在激振力作用下产生的一阶共振，记录下此时的频率和动应力，再增加激振频率，振幅和动应力将下降，频率增加到一定程度后，会再次发生共振，即二阶共振，按照一阶共振的方法记录二阶共振的频率和动应力。如此做下去，可以找到其他阶共振频率和动应力。值得注意的是，由于各阶振型不同，所以动应力最大点不在同一点上。

如改变框架的结构，增减框架上的构件，则共振频率、振型和动应力都将发生改变，从中可以了解到结构参数对动力性能的影响。实验前要预习有关振动方面的知识。

五、实验数据记录

共振频率：

六、思考题

1. 当激振力的频率变化时，框架的动应力为什么会发生变化？
2. 描述框架一阶振型？
3. 框架的动应力与哪些因素有关？

七、实验报告要求

实验报告一般应包含以下几个部分：实验目的、实验设备、实验过程的描述、实验结果的整理、该实验结论。具体形式内容由实验者自己确定。

§2－14　等强度梁冲击动应力及动荷系数测试实验

一、实验目的

1. 测量静态应变，通过对梁上不同横截面位置表面应变的测量，进一步加深对等强度量的概念理解；

2. 测量动应变，确定梁在冲击载荷作用下，梁的动应变与冲击物体高度之间的关系，计算动荷系数；

二、实验设备

等强度梁实验器、冲击动应变动荷系数测试仪。

三、实验原理

悬臂梁的冲击实验装置由两部分组成，即等强度梁装置和施加冲击载荷装置。其结构如图2－14－1所示。其中，施加冲击载荷装置由一套连杆机构和两只半圆形卡环组成，在吊杆的侧面安置刻度尺，用于标识冲击物距离底端的垂直距离。在梁的上、下表面沿轴向贴上电阻应变片，测出冲击应变和静载应变。应变信号接入动态应变测试仪和数据采集系统，用于分析冲击应变信号。

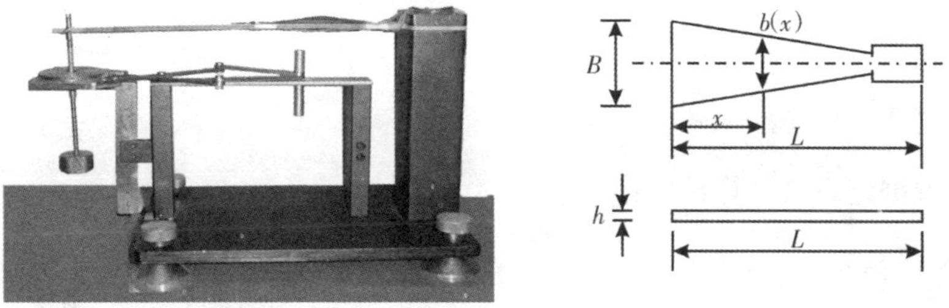

（a）　　　　（b）

图2－14－1

理论计算：

梁的表面最大应变

$$\varepsilon_{\mathrm{j}} = \frac{6PL}{EBh^2}$$

动荷系数

$$k_{\mathrm{d}} = 1 + \sqrt{1 + \frac{2H}{\Delta_j}\frac{m}{m + m_1}}$$

四、实验步骤

1. 启动等强度梁冲击动应力及动荷系数测试软件；

2. 用鼠标点击联机按钮、设置半桥连接、清零；

3. 设置某一高度 H（共有六个不同高度），放置砝码，点击“开始”按钮，待波形平稳后（大约经过40s），按“停止”按钮。

4. 记录梁的固有频率及应变值。

五、实验数据记录

$E=70\text{GPa}$，载荷 $P=1.99\text{N}$，$B=30\text{mm}$，$L=300\text{mm}$，$h=4\text{mm}$，

$m_0=1.23\text{N}$，$m_1=1.21\text{N}$，$m=1.99\text{N}$，等截面 CB 段 $b=10\text{mm}$，$h=4\text{mm}$。

1. 梁上表面不同位置上的应变；

2. 冲击载荷作用下，梁的动应变与高度之间的关系。

六、思考题

1. 动能和势能的变化是指哪个物体的？

2. 变形能是指哪个物体的？

3. 动荷系数中的静变形 Δ_{st} 与公式 $\Delta_d=K_d\Delta_{st}$ 中的 Δ_{st} 是不是同一个静变形？

七、实验报告要求

1. 实验目的

2. 实验设备

3. 实验步骤

4. 实验数据记录与计算结果：

梁冲击动荷系数

实验值：　　　　　　　　理论计算值：

梁上表面的应变测量

实验值：　　　　　　　　理论值：

5. 误差计算与分析

6. 回答本次实验的思考题

§2－15　复合材料力学性能分析实验

一、实验目的

1. 了解复合材料的组成及基本结构形式。

2. 通过实验，测定复合材料试件的弹性模量 E，并计算其理论值。

3. 认识的特点和特性，分析复合材料的力学性能。

4. 进一步熟悉和掌握材料力学实验的基本原理与基本方法，并注意其应用。

5. 了解高分子类黏弹性材料的性能和力学行为，拓宽知识面。

二、实验设备及仪器

加力架及电子测力仪、百分表及表架、游标卡尺。

三、实验原理

复合材料是由两种或两种以上不同性质的材料，通过物理或化学的方法，在宏观上组成具有新性能的材料。工程中常用的复合材料由基体和增强体组成。

试件采用高分子类黏弹性材料。基体为高弹橡胶制作的长方体橡胶块，在橡胶块上加工有均匀分布的圆孔，如图2－15－1所示；其增强体则采用弹性模量较高的聚氨脂材料，并将其制成圆柱体，如图2－15－2所示。将增强体圆柱嵌入基体的圆孔中，就构成了以橡胶为基体、聚氨脂为增强体的单向纤维复合材料力学模型。

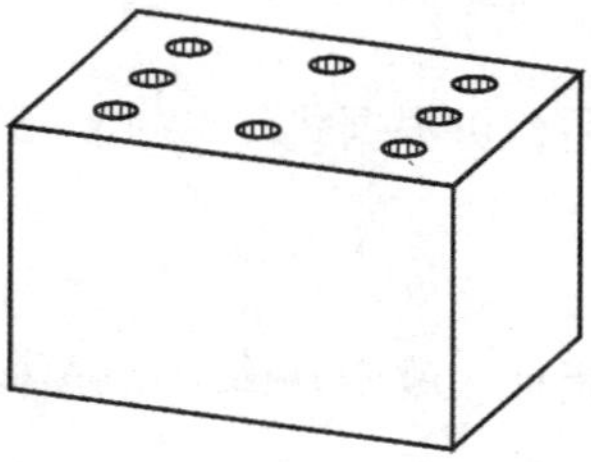

图2－15－1　长方体8孔橡胶块

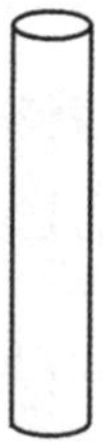

图2－15－2　圆柱形聚氨脂棒

弹性模量是材料重要的力学性能指标。在实验过程中，通过压缩试件，测量其在增强体轴线方向的变形量，来确定复合材料的弹性模量。基于复合材料力学分析中的诸项假设：其组分材料弹性模量比较接近；且为均质、线弹性和各项同性；增强体均匀分布；材料单向受力且处于小变形状态等，可以用材料力学方法来确定复合材料的弹性模量。

根据胡克定律，材料在增强体轴线方向上弹性模量的实验值为

$$E = \frac{FL}{A \cdot \Delta L} \tag{2-15-1}$$

式中：F——沿增强体轴线方向对试件施加的载荷；

L——试件在增强体轴线方向的高度；

ΔL——试件在增强体轴线方向的变形；

A——试件的横截面积。

当图 2－15－1 和 2－15－2 组成的复合材料试件沿增强体轴线受压时，其增强体和基体沿该方向的应力 σ_f 和 σ_m 分别为

$$\sigma_f = E_f \cdot \varepsilon \tag{2-15-2}$$

$$\sigma_m = E_m \cdot \varepsilon \tag{2-15-3}$$

式中：E_f，E_m——增强体和基体材料的弹性模量，其大小可根据式（2－15－1），用实验的方法测定；

ε——为试件的应变。

设试件横截面积为 A，增强体和基体的横截面积分别为 A_f 和 A_m，则有

$$\sigma A = \sigma_f A_f + \sigma_m A_m \tag{2-15-4}$$

将式（2－15－2）和式（2－15－3）代入式（2－15－4），得

$$E = E_f \frac{A_f}{A} + E_m \frac{A_m}{A} \tag{2-15-5}$$

当两种组分材料的弹性模量和相关尺寸确定后，可根据式（2－15－5）确定复合材料在该方向弹性模量 E 的计算值。

复合材料具有与其组分材料不同的力学性能指标。改变基体中增强体材料、含量和分布，则可以改变复合材料的力学性能。实验设计了增强体数量不同的试件，分别进行测试和计算，便于分析比较。

四、实验步骤

1. 了解加力架的组成和使用方法，掌握力和试件变形的测量方法。

2. 测量各试件尺寸；确定加载方案。

3. 对试件施加大于 1kN 的预载，待电子测力仪显示数值稳定后，再卸载至实验的初始值。

4. 用增量法对试件逐级加载，并记录试件相应的变形量。

5. 更换试件，按照上述步骤重新测试。

6. 卸载；取下试件；关闭电源开关；整理仪器及试件，实验结束。

五、实验数据

1. 试件尺寸

（1）基体有孔橡胶块：70×52×40；孔径：$\Phi 8$，见图 2-15-1。

（2）增强体圆柱形聚氨脂：$\Phi 8\times 40$，见图 2-15-2。

将两者组装在一起，构成复合材料力学模型试件。

（3）长方体无孔橡胶块：70×52×40；

（4）圆柱形聚氨脂棒：$\Phi 34.5\times 40$；

2. 实验数据记录

记录格式见表 2-15-1；

六、注意事项

1. 加力架加载最大载荷不得超过 1.2kN。

2. 试件放置时一定要和上、下压头对正。

3. 实验结束后，马上卸载，并取下试件。

七、思考题

1. 工程中常用复合材料是由________和________组成的。复合材料的弹性模量是否与其组分材料的相同？

2. 复合材料是各向同性的吗？为什么可以用材料力学的方法处理复合材料的问题？

3. 复合材料具有可设计性，如何提高其力学性能？

八、实验报告要求

1. 实验目的：

2. 实验设备及仪器

3. 实验步骤：

4. 实验数据记录

（1）试件尺寸：

（2）测试数据记录

表 2－15－1

试件及材料	组合方式			
载荷 P/N	左读数（格数）	右读数（格数）	左右平均值	差数 ΔL
400				
500				
600				
700				
800				
900				
1000				
差数平均值				

5. 分别确定 4 孔复合和 8 孔复合试件的弹性模量，计算其实验值和理论值。

6. 计算实验误差大小，确定误差百分数，并分析误差原因。

7. 回答本次实验的思考题。

§2-16 硬度实验

硬度为材料的重要力学性能之一。表征材料抵抗外力压入的能力。硬度与材料耐磨性能有关，与热处理有关。并与强度极限之间存在相应固定的关系，由于硬度实验具有简便、高效和不损伤的特点，所以在工程上得到广泛的应用。

一、实验目的

用压痕法测定金属的硬度值。

二、实验设备

布氏硬度实验机、全洛氏硬度机和读数放大镜。

三、实验原理

硬度实验有压痕法、弹跳法和刻划法。金属材料的硬度实验主要用压痕法，其中主要有布氏硬度和洛氏硬度，试验方法根据国家标准 GB 231—63 和 GB 230—63，以便比较。

1. 布氏硬度

用一定压力把标准钢球（压隐器）压入试件（如图 2-16-1 所示），保持一定时间后卸载，量压痕曲面面积 F，定义布氏硬度 HB 为 F 和 A 之比。

$$HB=\frac{F}{A}=\frac{F}{\frac{\pi}{2}\left(D-\sqrt{D^2-d^2}\right)}\ \mathrm{kN/mm^2}$$

式中，F——压力，kN；

D——钢球直径，mm；

d——压痕直径，用读数放大镜读出 d。

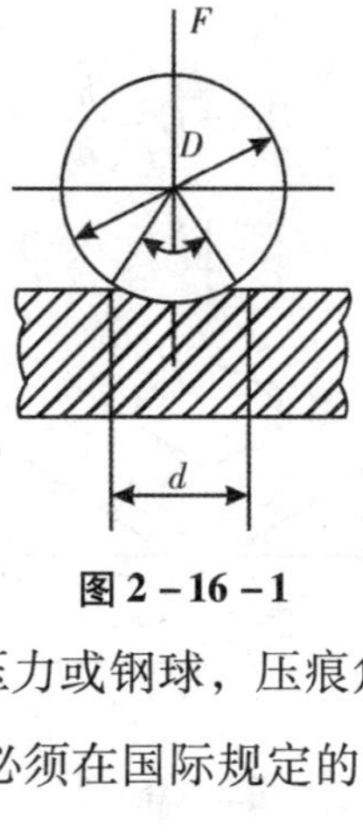

图 2-16-1

材料软硬不同，如果采用相同压力或钢球，压痕角差别太大而超出许多范围（$0.25D<d<0.6D$），为了可以比较，实验必须在国际规定的 F，D 参数范围内进行（如表 2-16-1 所示）。

记录硬度值时，要标出实验条件，例如，用 $D=5\text{mm}$，$F=2.452\text{kN}$，压力保持时间 $t=30\text{s}$，$HB=100$ 时，记为 $HB5/2.452/30=100$。

试件表面应光洁，压痕间距应大于 $2D$，压痕和试件边缘间的距离不应小于 D，以免影响塑性变形。压痕内材料处于三向压力应力状态，即使是脆性材料，在压痕附近也会产生塑性变形。故测定硬度值还可度量塑性性能。

表 2-16-1

材　料	布氏硬度范围 HB	试件厚度 /mm	钢球直径 D/mm	P，D 关系	压力 F/kg	压力保持时间 t/s
黑色金属	140 ~ 450	6 ~ 3	10.0	$P=30D^2$	3000	10
		4 ~ 2	5.0		750	
		<2	2.5		187.5	
	<140	>6	10.0	$P=10D^2$	100	10
		6 ~ 3	5.0		250	
		<2	2.5		62.5	
有色金属	>130	6 ~ 3	10.0	$P=30D^2$	3000	30
		4 ~ 2	5.0		750	
		<2	2.5		187.5	
	36 ~ 130	>6	10.0	$P=10D^2$	1000	30
		6 ~ 3	5.0		250	
		>3	2.5		62.5	
	<36	>6	10.0	$P=2.5D^2$	250	60
		6 ~ 3	5.0		62.5	
		<3	2.5		15.6	

2. 洛氏硬度

洛氏硬度规定用压入深度来表示硬度的大小，标准形式的压陷器为120°顶角的金刚石圆锥（试验硬度材料）或 $\phi1.588\text{mm}$ 钢球（试验软材料）。试验前规定预加 10kg 压力，以消除表面不同粗糙度的影响，表面压到 1-1 位置（如图 2-16-2 所示），接着加主压力，压到 2-2 位置，撤去主压力（初压力不撤），压陷器弹回到 3-3 位置。根据 1，3 间深度 h 来定义洛氏硬度值

$$HR=C-\frac{h}{n}$$

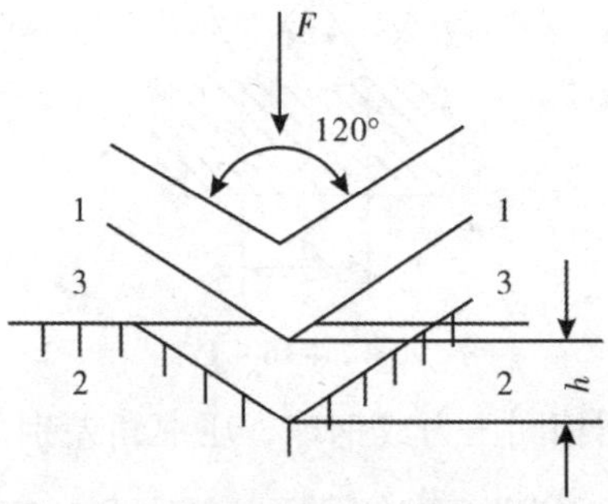

图 2-16-2

式中，h——主压力作用下压入深度，mm；

n——常数，$n = 0.002\text{mm}$；

C——常数，用金刚石压陷器时 $C = 100$，用钢球压陷器时 $C = 130$。

按照国标 GB/T 230.2—2002、国际标准 ISO 6508.2 规定，按照材料选用压力和压陷器（见表 2－16－2）。洛氏硬度值可在示盘上直接读出。

表 2－16－2

适用的材料	压陷器	总压力/kg	洛氏硬度符号	硬度值有效范围
软金属（$HB = 60 \sim 230$）	ϕ1.588mm 钢球	100	HRB	25～100
软硬金属（$HB = 270 \sim 700$）	金刚石圆锥	150	HRC	20～67
坚硬及较薄材料（$HR > 700$）	金刚石圆锥	60	HRA	70～85

四、实验步骤

1. 布氏硬度

（1）检查表面是否平整光洁，根据试件材料和厚度，按照表 2－16－1 选定钢球 D 和压力 F。

（2）学习实验机的使用方法。

（3）按照规定标准进行多次试验，取平均值作为材料的硬度值。

2. 洛氏硬度

（1）根据试件材料，按照表 2－16－2 选择实验标准。

（2）学习实验机的使用方法，然后进行操作。

五、思考题

（1）布氏硬度和洛氏硬度能否直接比较？

（2）布氏硬度试验时，如果压痕直径不在 $0.25D < d < 0.6D$ 范围内，为什么要改换实验准？

（3）洛氏硬度为什么要有 HRA，HRC，HRB 之分？

六、硬度实验报告

专业　　　班级　　　姓名　　　实验日期

1. 实验目的

2. 实验设备

3. 实验数据记录

试件材料：　　　　　　　；试件厚度 $S =$

（1）布氏硬度

压力 $F =$ ________ kg；钢球直径 $D =$ ________ mm。

压痕直径：第一次 $d =$ ________ mm；第二次 $d =$ ________ mm。

第三次 $d =$ ________ mm；平均 $d =$ ________ mm。

（2）洛氏硬度

第一次 HR = ________；第二次 HR = ________

第三次 HR = ________；平均 HR = ________

§2-17 冲击实验

冲击实验用以测定材料在冲击载荷下的力学性能，用缺口试件在冲击断裂时吸收的能量大小。材料抵抗含裂纹体的断裂的能力，以及抵抗低温脆断的能力和冲击韧度有关，由于冲击实验的重要性和实验方法简便，工程上有广泛的应用。冲击实验是一种比较实验，必须在规定的条件进行（国际 GB 229—63）。

材料抵抗冲击性能的指标用冲击韧性表示，它等于冲击试样缺口处单位面积上消耗的冲击功，单位为 MJ/mm^2。

一、实验目的

1. 测定低碳钢和铸铁的冲击韧度；
2. 观察两种材料的冲击破坏断口形貌，进一步加深对两种材料力学性质的认识。

二、实验设备

摆锤式冲击实验机、游标卡尺。

三、实验原理

测定金属材料，特别是塑性好的材料的冲击韧度时，采用标准试件。标准试件应有足够的厚度，以保证平面应变，并使能量高度集中在标准试件附近，造成应力集中。使在大部分制品截面上造成三向拉伸应力状态，便于测定材料抵抗断裂的能力。制品较钝时，对检查较大范围内材料的平均性能有利，制品较锐时，能反映材料对阻止裂纹扩展的能力。我国和某些欧洲大陆国家采用 U 形切口试件，美国等采用 V 形切口试件，试件尺寸安放和冲击原理如图 2-17-1 所示。

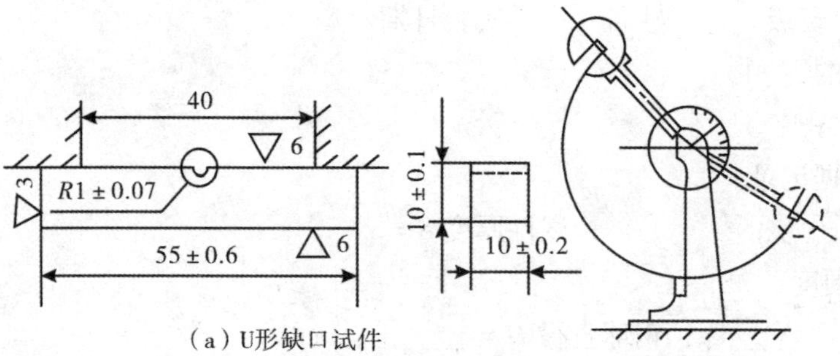

（a）U形缺口试件　（b）试件安装

图 2-17-1

由于使用的冲击速度较高（约 5m/s），试件弯曲断裂的应变速率为 10 秒数量级。使用 U 形试件测得冲击韧度值

$$\alpha_k = \frac{W}{A} \quad J/mm^2$$

式中，W——试件消耗的能量，即摆锤的位能差。

脆性断口呈晶粒状，塑性断口呈纤维状（如图 2－17－2 所示）。对某些金属，温度低时有冷脆现象。低、中强度体心立方金属及其合金有明显的脆性转变温度的方法是用一组试件在不同温度下进行冲击实验，把其中最大的 α_k 值的 40% 或最大与最小值的 α_k 平均值所对应的温度作为转变温度（如图 2－17－3 所示）。也可用一组 V 形制品试件在不同温度进行冲击实验，把其中 50% 断口面积呈晶粒状时的温度作为转变温度，简称 FATT（断口形貌转变温度）。

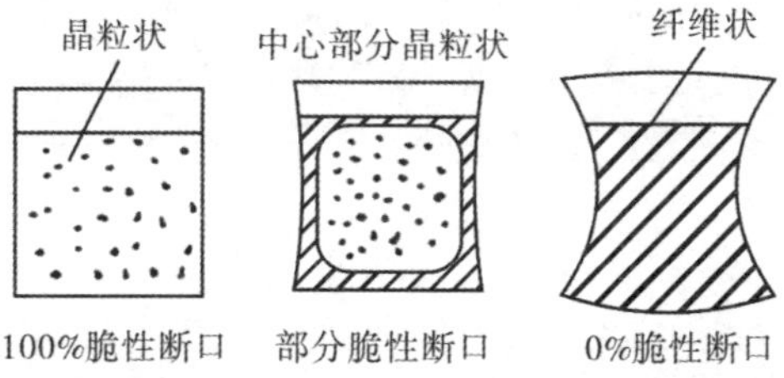

图 2－17－2

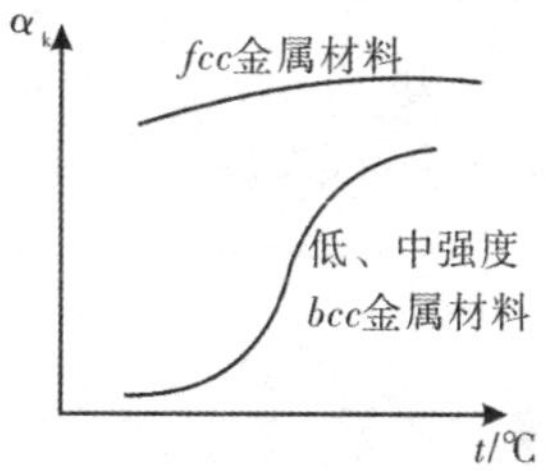

图 2－17－3

四、实验步骤

1. 学习冲击实验机的使用和操作规程。

2. 不要安装试件，校正读数盘指针起点位置，记下空摆时机器摩擦消耗的能量。

3. 安放试件用中心对准器对好制品中心，注意对心时摆锤不要抬起太高。安放好试件，然后离开保护栏内摆动区。

4. 举锤到规定位置，起销落锤打断试件，记录消耗的能量 A，缓慢地制动摆锤。注意，在摆锤停摆前，不得去取断裂的试件。

五、实验数据记录

材料	切口截面尺寸		初始能量	剩余能量
	宽/mm	高/mm	A_1/J	A_2/J
低碳钢				
铸铁				

六、思考题

1. 测定冲击韧性在工程上有何意义？

2. 冲击试件为什么要预制缺口？

3. 比较低碳钢和铸铁试样受冲击破坏后的断口形貌有什么不同。

七、实验报告

1. 实验目的

2. 实验设备

3. 实验原理

4. 实验步骤

5. 实验数据记录

材料	切口截面尺寸	初始能量	剩余能量	冲击韧性 $\alpha_k = \frac{A_1 - A_2}{A}$
	宽/mm	高/mm	面积/mm^2	
低碳钢				
铸铁				

5. 回答思考题

第三章　力学实验报告

§1－1　简谐振动的基本参数测量及振动传感器的标定

班级：　　　　学号：　　　　姓名：　　　　同作者：

预习部分：

一、实验目的

二、实验设备

三、实验原理

四、实验步骤

五、实验原始数据记录　　　　（指导教师签字：　　　月　　　日）

1．传感器标定：

次数	一	二	三	平均
灵敏度 PC/（m/s^2）				

2．振动基本参数测量值：

振动频率 f = ________ Hz，振幅 x = ________ mm，

速度 V = ________ cm/s，加速度 a = ________ m/s^2。

六、实验数据分析

（1）传感器标定：

（2）振动基本参数测量：

振动频率 f/Hz		
$X(t)$ 振动幅值/mm	实测 x	
	$V/2\pi f$	
	$a/(2\pi f)^2$	
$V(t)$ 振动速度/(m/s)	实测 V	
	$X\cdot 2\pi f$	
	$a/2\pi f$	
$a(t)$ 振动加速度/(m/s^2)	实测 a	
	$X\cdot(2\pi f)$	
	$V\cdot 2\pi f$	

七、思考题

§1－2　单自由度系统固有频率及阻尼系数的测定

班级：　　　　　学号：　　　　　姓名：　　　　　同作者：

预习部分：

一、实验目的

二、实验设备

三、实验原理

四、实验步骤

五、实验原始数据记录

（指导教师签字：　　　月　　　日）

1．固有频率的测量

频率/Hz											
振幅/mm											

2．频率测量

$f=$________ Hz　$f_{测}=$________ Hz

3．衰减振动曲线

（1）自由衰减

$T_1=$________ ms，$A_1=$________ V；

$T_2=$________ ms，$A_2=$________ V。

（2）电磁阻尼

$T_1=$________ ms，$A_1=$________ V；

$T_2=$________ ms，$A_2=$________ V。

六、实验数据分析

（1）阻尼系数的计算

①$n=$

②$n=$

（2）幅频特性曲线

固有频率 $\omega_n=$

（3）频率测量

$f=$　　　　　，$f_{测}=$　　　　　　误差 $\Delta=$

七、思考题

○//////○//////○//////线○订○装○封○密○//////○//////○//////

§1－3　简支梁振动特性的研究

班级：　　　　学号：　　　　姓名：　　　　同作者：

预习部分：

一、实验目的

二、实验设备

三、实验原理

四、实验步骤

五、实验原始数据记录　　　　　　　（指导教师签字：　　　　月　　　日）

1. 频率、力、位移、速度、加速度幅值：

f = ________ Hz，F = ________ N，x = ________ mm，

V = ________ cm/s，a = ________ m/s^2。

2. 用正弦曲线表示的各参数之间的相位草图

3. 频率响应函数草图

六、实验数据分析

1. 分析各参数之间的相位关系

2. 前四阶固有频率值分别为

七、思考题

§1－4　单圆盘转子临界转速的测量实验

班级：　　　　学号：　　　　姓名：　　　　同作者：

预习部分：

一、实验目的

二、实验设备

三、实验原理

四、实验步骤

密　封　装　订　线

五、实验原始数据记录（指导教师签字：　　　月　　　日）

临界转速测量表

测量次数	一	二	三	均值
临界转速				

转轴基本尺寸：

圆盘直径 $D=$ ，圆盘厚度 $A=$ ，

轴的直径 $d=$ ，轴的长度 $l=$ ，

弹性模量 $E=2.1\times10^6\text{kg/cm}^2$，

钢的密度 $\rho=0.0078\text{kg/cm}^3$

六、实验数据分析

理论值：$n_n=$

误差：$\Delta=$

七、思考题

密　封　装　订　线

§1－6　振型研究实验

班级：　　　　学号：　　　　姓名：　　　　同作者：

预习部分：

一、实验目的

二、实验设备

三、实验原理

四、实验步骤

五、实验原始数据记录

（指导教师签字：　　　　月　　　日）

各阶阵型图

六、思考题

§2－1　拉伸实验

班级：　　　　　　学号：　　　　　　姓名：　　　　　　同作者：

预习部分：

一、实验目的

二、实验设备

三、实验原理

四、实验步骤

密封装订线

五、实验原始数据记录

（指导教师签字：　　　月　　　日）

材料	实验前										
	标距 l_0/mm	直径 d_0/mm									横截面面积 A_0/mm^2
		截面Ⅰ			截面Ⅱ			截面Ⅲ			
		（1）	（2）	平均	（1）	（2）	平均	（1）	（2）	平均	
低碳钢	80.00										
铸铁											
材料	实验后					
	标距 l_1/mm	断口直径 d_1/mm			断口横截面面积 A_1/mm^2	
		（1）	（2）	平均		
低碳钢						

（1）低碳钢 $F_s=$　　　kN，$F_b=$　　　kN。

（2）铸铁 $F_b=$　　　kN。

六、实验数据分析

1．计算结果

（1）低碳钢

$$\sigma_s=\frac{F_s}{A_0}=\_\_\_\_\_\_\_\_=\_\_\_\_\_\_\_\_\ \text{MPa},\quad \sigma_b=\frac{F_b}{A_0}=\_\_\_\_\_\_\_\_=\_\_\_\_\_\_\_\_\ \text{MPa},$$

$$\delta_{10}=\frac{l_1-l_0}{l_0}\times100\%=\qquad\%,$$

$$\psi=\frac{A_0-A_1}{A_0}\times100\%=\qquad\%。$$

（2）铸铁

$$\sigma_b=\frac{F_b}{A_0}=\_\_\_\_\_\_\_\_=\_\_\_\_\_\_\_\_\ \text{MPa}。$$

2．绘制低碳钢和铸铁试件的 $F-\Delta l$ 曲线及断口形貌。

七、思考题

§2－2　压缩实验

班级：　　　　　学号：　　　　　姓名：　　　　　同作者：

预习部分：

一、实验目的

二、实验设备

三、实验原理

四、实验步骤

五、实验原始数据记录

（指导教师签字：　　　　月　　　日）

材　料	实验前				实验结果	
	直径 d_0/mm			截面面积 A_0/mm^2	F_s 或 F_b/kN	σ_s 或 σ_b/MPa
	（1）	（2）	平均			
低碳钢						
铸　铁						

六、实验数据分析

（1）低碳钢屈服极限

$$\sigma_s = \frac{F_s}{A_0}$$

（2）铸铁压缩强度极限：

$$\sigma_b = \frac{F_b}{A_0}$$

七、思考题

§2-3　扭转实验

班级：　　　　学号：　　　　姓名：　　　　同作者：

预习部分：

一、实验目的

二、实验设备

三、实验原理

四、实验步骤

五、实验原始数据记录

（指导教师签字：　　　　月　　　日）

材料	实验前									
	直径 d_0/mm									最小截面平均直径/mm
	截面Ⅰ			截面Ⅱ			截面Ⅲ			
	(1)	(2)	平均	(1)	(2)	平均	(1)	(2)	平均	
低碳钢										
铸　铁										

（1）低碳钢：M_s = ________ N · m，M_b = ________ N · m

（2）铸铁：M_b = ________ N · m。

六、实验数据分析

（1）低碳钢：

$W = \frac{\pi D^3}{16} =$

$\tau_s = \frac{3M_s}{4W_n} =$ ________ = ________ MPo，$\tau_b = \frac{3M_b}{4W_n}$________ = ________ MPa

（2）铸　铁：

$W = \frac{\pi D^3}{16} =$ ________，

$\tau_b = \frac{M_b}{W_n} =$ ________ = ________ MPa。

七、绘制断口形貌

八、思考题

§2－5　弹性模量 E 及泊松比 μ 的测定

班级：　　　　学号：　　　　姓名：　　　　同作者：

预习部分：

一、实验目的

二、实验设备

三、实验原理

四、实验步骤

密　封　装　订　线

五、实验原始数据记录 （指导教师签字： 月 日）

梁的尺寸：

宽度 $b=$ cm；高 $h=$ cm；力臂 $L=$ cm。

应变 ε（1×10^{-6}）

载荷 / 应变测点	F/kg	0	2	4	6	8	$\overline{\Delta\varepsilon}$ 平均值
	ΔF/kg						
ε_x	读数 ε						
	$\Delta\varepsilon$						
ε_y	读数 ε						
	$\Delta\varepsilon$						

六、实验数据分析

计算结果：

$\mu=$

$E=$

七、思考题

§2－6　梁弯曲正应力测定

班级：　　　　　　学号：　　　　　　姓名：　　　　　　同作者：

预习部分：

一、实验目的

二、实验设备

三、实验原理

四、实验步骤

五、实验原始数据记录

（指导教师签字：　　　　月　　　日）

（1）梁的尺寸：宽度 $b=0.6\text{cm}$，梁高 $h=3\text{cm}$，跨度 $l=60\text{cm}$，弯矩 $a=20\text{cm}$；测点距轴 z 距离：$y_1=-\frac{h}{2}=-1.5\text{cm}$，$y_2=-\frac{h}{4}=-0.75\text{cm}$，$y_3=0\text{cm}$，$y_4=\frac{h}{4}=0.75\text{cm}$，$y_5=\frac{h}{2}=1.5\text{cm}$；弹性模量：$E=210\text{GPa}$。

密　封　装　订　线

(2) 应变 ε (1×10^{-6})

<table>
<tr><td rowspan="2">载荷 \ 应变</td><td>F/kg</td><td colspan="2">0</td><td colspan="2">10</td><td colspan="2">20</td><td colspan="2">30</td><td colspan="2">40</td><td rowspan="2">$\overline{\Delta\varepsilon}$各次平均值</td></tr>
<tr><td>ΔF/kg</td><td colspan="3"></td><td colspan="2"></td><td colspan="2"></td><td colspan="3"></td></tr>
<tr><td rowspan="2">1</td><td>读数 ε</td><td colspan="2"></td><td colspan="2"></td><td colspan="2"></td><td colspan="2"></td><td colspan="2"></td><td rowspan="2"></td></tr>
<tr><td>$\Delta\varepsilon$</td><td colspan="3"></td><td colspan="2"></td><td colspan="2"></td><td colspan="3"></td></tr>
<tr><td rowspan="2">2</td><td>读数 ε</td><td colspan="2"></td><td colspan="2"></td><td colspan="2"></td><td colspan="2"></td><td colspan="2"></td><td rowspan="2"></td></tr>
<tr><td>$\Delta\varepsilon$</td><td colspan="3"></td><td colspan="2"></td><td colspan="2"></td><td colspan="3"></td></tr>
<tr><td rowspan="2">3</td><td>读数 ε</td><td colspan="2"></td><td colspan="2"></td><td colspan="2"></td><td colspan="2"></td><td colspan="2"></td><td rowspan="2"></td></tr>
<tr><td>$\Delta\varepsilon$</td><td colspan="3"></td><td colspan="2"></td><td colspan="2"></td><td colspan="3"></td></tr>
<tr><td rowspan="2">4</td><td>读数 ε</td><td colspan="2"></td><td colspan="2"></td><td colspan="2"></td><td colspan="2"></td><td colspan="2"></td><td rowspan="2"></td></tr>
<tr><td>$\Delta\varepsilon$</td><td colspan="3"></td><td colspan="2"></td><td colspan="2"></td><td colspan="3"></td></tr>
<tr><td rowspan="2">5</td><td>读数 ε</td><td colspan="2"></td><td colspan="2"></td><td colspan="2"></td><td colspan="2"></td><td colspan="2"></td><td rowspan="2"></td></tr>
<tr><td>$\Delta\varepsilon$</td><td colspan="3"></td><td colspan="2"></td><td colspan="2"></td><td colspan="3"></td></tr>
</table>

六、实验数据分析

(实验值、理论值要写出计算公式及主要计算步骤，可另附纸)

应力实验值:

应力理论值:

分别描绘应力实验值和理论值沿梁横截面高度的分布图

七、思考题

密 ○ 封 ○ 装 ○ 订 ○ 线

§2-7 复合梁实验

班级：　　　　　学号：　　　　　姓名：　　　　　同作者：

预习部分：

一、实验目的

二、实验设备

三、实验原理

四、实验步骤

五、实验原始数据记录

（指导教师签字：　　　月　　　日）

1. 梁的复合形式：________

应变 ε（1×10^{-6}）

载荷 \ 应变	F/kg						$\overline{\Delta\varepsilon}$平均值
	ΔF/kg						
1	读数 ε						
	Δε						
2	读数 ε						
	Δε						
3	读数 ε						
	Δε						
4	读数 ε						
	Δε						
5	读数 ε						
	Δε						

梁的复合形式：________ 应变 ε (1×10^{-6})

载荷 / 应变	F/kg					$\overline{\Delta\varepsilon}$平均值
	ΔF/kg					
1	读数 ε					
	$\Delta\varepsilon$					
2	读数 ε					
	$\Delta\varepsilon$					
3	读数 ε					
	$\Delta\varepsilon$					
4	读数 ε					
	$\Delta\varepsilon$					
5	读数 ε					
	$\Delta\varepsilon$					

2. 基本尺寸

梁的尺寸：宽度 $b=1.3\text{cm}$，梁高 $h=3\times0.5\text{cm}$，弯矩 $a=6\text{cm}$，宽度 $b=1.3\text{cm}$；

测点距轴 z 距离：$y_1=-0.75\text{cm}$，$y_2=-0.5\text{cm}$，$y_3=0\text{cm}$，$y_4=0.5\text{cm}$，$y_5=0.75\text{cm}$；

弹性模量：$E_{钢}=207\text{GPa}$，$E_{铝}=69\text{GPa}$。

六、实验数据分析

(要写出公式及主要计算步骤，画出相当截面并标注尺寸，可另附纸)

应力实验值：

应力理论值：

误差计算与分析：

七、思考题

§2－8　薄壁圆筒在弯扭组合变形下的应力测定

班级：　　　　学号：　　　　姓名：　　　　同作者：

预习部分：

一、实验目的

二、实验设备

三、实验原理

四、实验步骤

○ 密 ○ 封 ○ 装 ○ 订 ○ 线

五、实验原始数据记录 （指导教师签字： 月 日）

实验器尺寸：

$D=$ cm，$d=$ cm，$a=$ cm，$L=$ cm。

应变值 ε（1×10^{-6}）记录：

载荷 \ 应变	F/kg	0	5	10	15	20	$\overline{\Delta\varepsilon}$各次平均值
	ΔF/kg						
ε_0	读数 ε						
	$\Delta\varepsilon$						
ε_{45}	读数 ε						
	$\Delta\varepsilon$						
ε_{90}	读数 ε						

六、实验数据分析

（1）根据实验数据 $\Delta\varepsilon$ 计算出

$\sigma_1=$ MPa，$\sigma_3=$ MPa，$\alpha=$ 。

已知材料 $E=104\text{GPa}$，$\mu=0.33$。

（2）计算出 σ_1，σ_3 和 α 的理论值。

七、思考题

§2-10　薄壁开口梁弯曲中心测定

班级：　　　　学号：　　　　姓名：　　　　同作者：

预习部分：

一、实验目的

二、实验设备

三、实验原理

四、实验步骤

五、实验原始数据记录　　　　（指导教师签字：　　　月　　　日）

梁截面尺寸：$t=1\text{mm}$，$b=21.5\text{mm}$，$h=21.5\text{mm}$。（画图表示测量过程）

六、实验数据分析

计算实验值、计算理论值，分析误差产生原因。

七、思考题

密　封　装　订　线

§2－11　功的互等定理实验

班级：　　学号：　　姓名：　　同作者：

预习部分：

一、实验目的

二、实验设备

三、实验原理

四、实验步骤

五、实验原始数据记录 （指导教师签字： 月 日）

梁的尺寸及材料常数：$b =$ mm，$h =$ mm。

第一种加载方式：

第二种加载方式：

六、实验数据分析

计算实验值、理论值，分析误差产生原因。

七、思考题

§2－12　压杆稳定实验

班级：　　　　　学号：　　　　　姓名：　　　　　同作者：

预习部分：

一、实验目的

二、实验设备

三、实验原理

四、实验步骤

密封装订线

五、实验原始数据记录 （指导教师签字： 月 日）

试件尺寸：$h =$ mm，$b =$ mm，$l =$ mm；

两端铰支临界载荷： N；

一端固定一端铰支临界载荷： N；

两端固定临界载荷： N。

六、实验数据分析

（实验值、理论值的计算要写出公式及主要计算步骤）

七、思考题

§2－13　动荷框架实验

班级：　　　　　学号：　　　　　姓名：　　　　　同作者：

预习部分：

一、实验目的

二、实验设备

三、实验原理

四、实验步骤

密 封 装 订 线

五、实验原始数据记录

（指导教师签字：　　　月　　　日）

共振频率：

六、实验数据分析

七、思考题

○//////////○//////////○////////// 线 ○ 订 ○ 装 ○ 封 ○ 密 ○//////////○//////////○//////////

§2－14　等强度梁冲击动应力及动荷系数测试实验

班级：　　　　学号：　　　　姓名：　　　　同作者：

预习部分：

一、实验目的

二、实验设备

三、实验原理

四、实验步骤

五、实验原始数据记录 （指导教师签字： 月 日）

$E = 70\text{GPa}$，载荷 $P = 1.99\text{N}$，$B = 30\text{mm}$，$L = 300\text{mm}$，$h = 4\text{mm}$，

$m_0 = 1.23\text{N}$，$m_1 = 1.21\text{N}$，$m = 1.99\text{N}$ 等截面 CB 段 $b = 10\text{mm}$，$h = 4\text{mm}$。

六、实验数据分析

1. 梁冲击动荷系数

实验值：

理论计算值：

2. 梁上表面的应变测量

实验值：

理论值：

七、思考题

§2－15　复合材料力学性能分析实验

班级：　　　　学号：　　　　姓名：　　　　同作者：

预习部分：

一、实验目的

二、实验设备

三、实验原理

四、实验步骤

五、实验原始数据记录

（指导教师签字：　　　月　　　日）

基体有孔橡胶块：70×50×40，孔径：Φ8；增强体圆柱形聚氨脂：Φ8×40；

圆柱形聚氨脂棒：Φ34.5×40；

表 2-15-1

试件及材料	4 孔复合			
载荷 P/N	左读数（格数）	右读数（格数）	左右平均值	差数 ΔL
400				
500				
600				
700				
800				
900				
1000				
差数平均值				

表 2-15-2

试件及材料	8 孔复合			
载荷 P/N	左读数（格数）	右读数（格数）	左右平均值	差数 ΔL
400				
500				
600				
700				
800			圆柱形聚氨脂	
900				
1000				
差数平均值				

表 2-15-3

试件及材料	无孔橡胶块			
载荷 P/N	左读数（格数）	右读数（格数）	左右平均值	差数 ΔL
400				
500				
600				
700				
800			圆柱形聚氨脂	
900				
1000				
差数平均值				

表 2－15－4

试件及材料	圆柱形聚氨脂			
载荷 P/N	左读数（格数）	右读数（格数）	左右平均值	差数 ΔL
400				
500				
600				
700				
800				
900				
1000				
差数平均值				

六、实验数据分析

分别确定 4 孔复合和 8 孔复合试件的弹性模量 E，计算其实验值和理论值，并进行误差分析。

七、思考题

密 封 装 订 线

§2－16　硬度实验

班级:　　　　　　学号:　　　　　　姓名:　　　　　　同作者:

预习部分:

一、实验目的

二、实验设备

三、实验原理

四、实验步骤

密 ○ 封 ○ 装 ○ 订 ○ 线

五、实验原始数据记录

（指导教师签字：　　　月　　　日）

六、实验数据分析

七、思考题

§2－17　冲击实验

班级：　　　　学号：　　　　姓名：　　　　同作者：

预习部分：

一、实验目的

二、实验设备

三、实验原理

四、实验步骤

○//////○//////○//////○////// 线 ○ 订 ○ 装 ○ 封 ○ 密 ○//////○//////○//////

五、实验原始数据记录

（指导教师签字：　　　月　　　日）

材　料	切口截面尺寸		初始能量	剩余能量
	宽/mm	高/mm	A_1/J	A_2/J
低碳钢				
铸　铁				

六、实验数据分析

七、思考题

参考文献

[1] 哈尔滨工业大学理论力学教研室. 理论力学[M]. 北京:高等教育出版社,2009.
[2] 寇惠,韩庆大. 故障诊断的振动测试技术[M]. 北京:冶金工业出版社,1989.
[3] 孙训方,方孝淑,关来泰. 材料力学[M]. 北京:高等教育出版社,2009.
[4] 胡增强,万德连. 材料力学检测题集[M]. 徐州:中国矿业大学出版社,1991.
[5] 李洪升. 基础力学实验[M]. 大连:大连理工大学出版社,2000.
[6] 赵志岗. 工程力学实验[M]. 北京:机械工业出版社,2008.